码上学技术·绿色农业关键技术系列

科学灌溉与合理施肥200题（双色版）

梁 飞 孙 霞 王春霞 主编

中国农业出版社
北 京

内容提要

“有收无收在于水，收多收少在于肥。”水分和养分是作物生长发育过程中的两个重要因子，也是当前容易调控的两大技术因子。作物生长离不开水肥，水肥对于作物生长同等重要，水肥一体化技术灌溉和施肥是一项系统工程，交叉学科多，涉及工程、农艺、生态、环境等方方面面。目前水肥一体化市场是由两个主体在推动，灌溉企业和肥料企业对水肥一体化的理解和应用很少在同一个频道，难以支撑这一技术的发展。

为了讲好水肥融合的故事，讲好科学灌溉与合理施肥的故事，为了让灌溉人与肥料结合，让土肥人懂得灌溉，我们组织了一批从事节水灌溉、合理施肥与水肥一体化的专业团队和专业技术人员，根据各方面的资料并结合参编人员自身的经验，用深入浅出的文字，编写了本书。全书共分六章，包括灌溉的意义和作用、科学灌溉技术、施肥的意义和作用、合理施肥技术、水肥一体化及灌溉与施肥综合。本书将理论与生产实践紧密结合，系统梳理了与科学灌溉、合理施肥相关的知识。本书适合灌溉企业、肥料企业、农业技术推广、园林园艺、经济林业等部门的技术与管理人员及种植户阅读，也可供高等农业院校相关专业师生参考。

编委会

主　　编　梁　飞　孙　霞　王春霞

副 主 编　严海军　王国栋　贾宏涛　李晓兰
　　　　　　李全胜　赵　娜

编写人员（按姓氏笔画排序）

王　刚　王兴鹏　王国栋　王春霞
石　磊　田宇欣　白如霄　丛孟菲
刘　瑜　许　强　孙　霞　严海军
李全胜　李志强　李晓兰　李智强
张　磊　张新疆　陈　晴　林文真
罗洮峰　郑继亮　赵　娜　胡　洋
贾宏涛　章礼春　梁　飞　戴昱余

FOREWORD

前言

俗话说："有收无收在于水，收多收少在于肥。"为了满足作物生长需要，补充作物的蒸腾失水及土面蒸发失水，必须源源不断地通过灌溉补充土壤水分；作物为了维持其生命活动，须吸收养分，施肥可以增加土壤溶液中的养分浓度，从而提高土壤养分供应量、提高作物单产。

水分和养分是作物生长发育过程中的两个重要因子，也是当前容易调控的两大技术因子。我国应用肥料历史悠久，早在两三千年以前就有了施用有机肥的文字记载，《诗经》记载"泥池北流，浸彼稻田"，春秋战国时期有"百亩之粪""地可使肥，多粪肥田""多用兽骨汁和豆萁作肥料"等记载，并修建了郑国渠，灌溉了关中地区的4万公顷农田。

作物生长离不开水肥，水肥对于作物生长同等重要，根系是吸收水肥的主要器官，肥料必须溶于水才能被根系吸收，施肥亦能提高水分利用率，水或肥亏缺均对作物生长不利。科学灌溉与合理施肥是一项系统工程，灌溉和施肥交叉学科多，涉及工程、农艺、生态、环境等方方面面，加之目前市场是由两个主体在推动，灌溉企业和肥料企业对水肥一体化的理解和应用很少在同一个频道上，难以支撑这一技术的发展。由于水肥一体化本身的特殊性和工程经费的多元性，一个水肥一体化示范工程往往由多家市场主体共同完成。这些市场主体包括水肥一体化工程的设计机构尤其是灌溉相关的设计院，施工单位的灌溉工程企业，肥料供应单位，后期的种植经营主体，如此多的市场主体中水（灌溉）和肥（肥料）具有很重要的决定性和随机性，这造成灌溉施工中只看灌溉相关因素，而后期施肥中只能利用未考虑合理施肥的系统进行，导致水肥不融合。通过两个案例就不难发现水肥不同步有多么严重：第一个案例是河北某灌溉公司建设的水肥一体化示范基地的肥料选用的是64%的磷酸二铵作滴灌肥；第二个案例是某肥料企业将产品供应到葡萄园，得知今年滴灌带堵了的时候只懂得找自己产品的原因，根本不明白葡萄园的砂石过滤器也需要维护。水肥一体化是使灌溉与施肥两个过程同时进行，并融为一体的过程，是实现"1+1>2"的过程，而不是简单组合的过程。因此，灌溉企业在灌溉设计和施工中要充分考虑作物的需肥规律、施肥模式及肥料溶解特性等基本因素；肥料企业在施肥过程中要充分考虑肥料与灌溉水的反应、肥料对灌溉系统的影响、施肥过程与水肥融合等，只有水、肥企业互相融合，优化水肥方案和管理模式，才能推广水肥一体化技术，使其实现质的飞跃。

为了讲好水肥融合的故事，为了让灌溉人与肥料结合，让土肥人懂得灌溉，近年来，我们与大家一起通过网络科普、农业现场会和科技培训等多种方式，通过线上线下同步的方式推动着水肥融合理念的普及。为了继续讲好科学灌溉与合理施肥的故事，我们组织了新疆农垦科学院梁飞副研究员团队、石河子大学从事节水灌溉的王春霞副教授、新疆农业大学多年从事土壤肥料研究工作的贾宏涛教授和孙霞副教授以及其他相关单位从事灌溉施肥相关工作的科技人员，根据各方面的资料并结合参编人员自身实践，用深入浅出的文字，编写了本书。全书共分六章，介绍了灌溉的意义和作用、科学灌溉技术、施肥的意义和作用、合理施肥技术、水肥一体化技术及灌溉与施肥综合。本书理论与生产实践紧密结合，系统梳理了与科学灌溉、合理施肥相关的知识。本书适合灌溉企业、肥料企业、农业技术推广、园林园艺、经济林业等部门的技术与管理人员及种植户阅读，也可供高等农业院校相关专业师生参考。

本书由梁飞统筹编写，孙霞和王春霞负责全书的统稿和审核，李全胜、刘瑜、田宇欣和王国栋负责全书的文字审阅，其他编写人员结合工作经验编写部分内容，梁飞对全书做最后的审阅定稿。本书虽然经过多次修改，但由于编者水平有限，错误与不足之处在所难免，望读者批评指正。最后，本书部分内容得到了兵团中青年科技创新领军人才计划（2018CB026）、国家重点研发计划课题（2017YFD0201506、2017YFC0404304、2018YFD0200406）、兵团科技攻关与成果转化计划项目（2016AC008）、国家自然科学基金资助项目（31860137、31460550）、中国农业大学-新疆农业大学科研合作基金项目（15058205）、兵团南疆重点产业创新发展支撑计划（2021DB015）、兵团区域创新引导计划（2018BB020）等项目的资助，特此感谢！

编 者

2021 年 8 月 1 日

CONTENTS

目录

一、灌溉的意义和作用

1. 作物生长的五要素是什么？

作物的生长发育及产量的形成，一方面取决于植物本身的遗传特性，另一方面取决于外界环境。影响作物生长发育及产量形成的因素被称为作物的生长因素。主要的生长因素包括温度（空气温度及土壤温度）、光照（光的组成、光照度、光周期）、水分（空气湿度和土壤湿度）、土壤（土壤肥力、化学组成、物理性质及土壤溶液等）、空气（大气及土壤空气中氧气和二氧化碳的含量及有毒气体含量等），它们被称为作物生长的五要素。

作物的生长发育需要一定的热量条件，温度（热量）的来源主要是太阳辐射，太阳辐射的强弱随海拔高度、纬度及季节而变化；光照是作物进行光合作用的必要条件，光照强度及光照时间直接影响作物的生长发育、产量和品质；水分一般占新鲜植株体的75%～95%，植株体通过蒸腾作用吸收土壤中的水分和养分，水分不足或过多都会影响植株的正常发育；土壤是作物生长的基础，使作物"吃得饱""喝得好""住得好""站得稳"；空气为作物的生长提供必要的氧气、二氧化碳等，空气质量的好坏也影响作物的产量及品质。

就农作物而言，除了设施农业，温度主要受气候影响，调整幅度较小，而且调节措施多与水分相关；同样光照和空气，除了设施栽培的补光和通气措施外，保持相对稳定和人为调节难度较大；但是水分和土壤（尤其是土壤肥力）相对容易调整，灌溉和施肥的时间、数量以及方式直接决定着土壤中的水肥状况。另外，根据李比希的"最小因子定律"，制约作物生长发育及产品器官形成的因素往往是水分和养分，而作物生长的五要素中只有水和土壤养分是可以通过相对简单的工程和农艺措施来调控的。因此，合理灌溉与施肥是农业生产的重要环节。

2. 水对作物生长的作用有哪些?

水在植物中有着不可或缺的作用，水在大多数植物器官中构成鲜重的90%以上，少有在75%以下的。水除了通过植物细胞膨压作用支撑植物，还作为一种溶剂来溶解无机溶质、有机溶质和气体，作为参与细胞内部化学反应的一个组分，例如在光合作用过程中将二氧化碳转化为碳水化合物。整体上讲，水是细胞的重要组成成分，是代谢过程的反应物质，是各种生理生化反应和物质运输的介质，能使植物保持固有的姿态。水对作物生长及产量的形成都是不可或缺的。

自然界的水通过水文循环，形成大气降水，从而产生地表水、土壤水、地下水，为作物提供必要的水-土环境条件。土壤水是连接地表水与地下水的纽带，也是作物能够直接吸收利用的重要的水分来源，作物根系吸收的土壤中的水分99%以上被蒸腾消耗，只有不足1%的水留在植株体内。所以水分在水-土-植-气间的作用关系到农业生产，因此对水分的研究也是合理用水、发展农业生产的理论依据。

3. 土壤水的形态有哪些?

土壤水按其形态可分为气态水、束缚水、毛管水和重力水。①气态水量很少，一般可忽略不计。②束缚水包含吸湿水和膜状水两种形式，吸湿水被紧紧地束缚在土粒的表面，不能自由移动，而膜状水则吸附在吸湿水的外部，只能沿土粒表面进行速度极小的移动，所以吸湿水达到最大时的土壤含水量称为吸湿系数，薄膜水达到最大时土壤含水量称为土壤的最大分子持水量；由于吸附水紧缚于土粒，一般不能被作物利用。③毛管水是在毛管作用下土壤中所能保持住的那部分水，又分为上升毛管水和悬着毛管水，上升毛管水指地下水沿土壤毛细管上升的这部分水分，悬着毛管水是不受地下水补给时土壤中所能保持的地面渗入的水分；毛管水容易被作物吸收利用，属于有效水。④重力水是指因土壤水分过多而超出毛管含水量的在其自身重力作用下排出土体的那部分水分，这部分水分也不能为作物所利用。

土壤中可被作物根系吸收的水分是萎蔫含水量至田间持水量之间的水分，这是我们科学灌溉的上限和下限，也是土壤中水分能否被作物利用的关键。

4. 什么是土壤水势？

土壤中水分可否运动，取决于土壤中两点土壤水势能的差，即土水势之差，土壤水分从土水势高的地方向土水势低的地方运动。土壤水势指单元土体内单位数量的土壤水分所具有的势能，单位为帕、焦/克等。土水势不可能也没有必要确定其绝对数量，常选用一个标准参考状态，土壤中任一点的土水势大小可由该点的土壤水分状态与标准参考状态的势能差值来定义。土壤水势的分势包括重力势、压力势、基质势、溶质势和温度势（一般生产中温度势可忽略）。

俗话说：“水往低处流，”但作物吸收水分和利用水分过程中的“低”并非位置的高低，而是水势低处；水分的移动速度取决于两者的水势差，水势差越大移动越快，反之则慢。因此，只有土壤水势＞植物根系水势＞地上部水势，作物才能顺利吸收水分，这也是我们灌溉的基础和田间水分监测控制的依据之一（图1）。

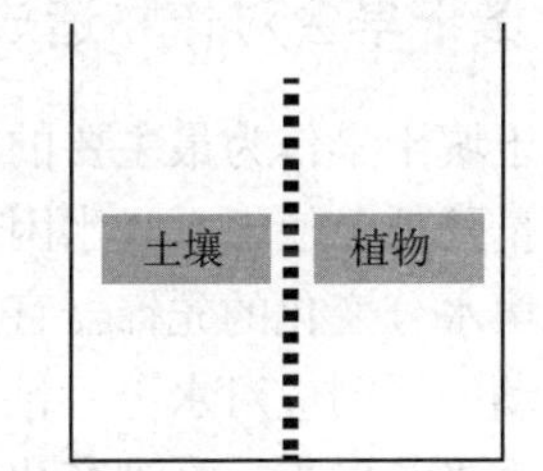

土壤水势＞植物根系水势＞地上部水势

图1　作物吸收水分需要的土壤水势

5. 什么是土壤干旱？

土壤干旱指土壤水分不能满足作物根系吸收和正常蒸腾所需水分而造成的干旱，即农田水分不足。土壤水分中能被作物吸收的水分为毛管水，其中毛管水对应的土壤田间持水量是土壤有效水与过剩水分的分界线。田间持水量的定义：在地下水较深和排水良好的土地上充分灌水或降水后，允许水分充分下渗，并防止水分蒸发，经过一定时间，土壤剖面所能维持的较稳定的土壤水含量。其土水势大多集中在

$1\times10^4\sim3\times10^4$ 帕，也是土壤中所能保持悬着水的最大量，是对作物有效的最高的土壤水含量，且被认为是一个常数，常被用来作为灌溉上限和计算灌水定额的指标。

土壤墒情划分常用土壤含水量占田间持水量的百分比来表示。一般认为土壤含水量为田间持水量的55%～60%，为轻度干旱；土壤含水量为田间持水量的45%～55%，为中度干旱；土壤含水量为田间持水量的40%～45%，为严重干旱；土壤含水量小于田间持水量的40%，为特大干旱。不同的作物对土壤干旱的适应能力不同，所以在水资源短缺的情况下，选择耐旱作物是一种有效的农业节水措施。

简而言之，就是随着土壤中水势的逐渐降低，作物吸水越发困难，吸水速度越来越慢；当植物地上部水势逐渐接近根系水势时，作物吸水量小于蒸腾量，作物开始出现萎蔫症状；当土壤水势接近根系水势时，作物因无法吸水而死亡。

6. 土壤干旱会对作物造成哪些危害?

土壤干旱作为最主要的非生物胁迫之一，会导致根系附近的土壤含水量降低，使根系吸水困难，造成植物萎蔫甚至死亡。根系作为感知土壤水分变化的先锋器官，会通过感知土壤水分含量的变化而进一步启动一系列应对水分亏缺的防御机制，使作物的长势、生理机制、激素水平等发生一系列变化。①对作物长势的影响主要表现在：抑制作物根系和地上部生长，显著降低作物的生物量、产量和收获指数。②对作物生理机制的影响主要表现为：改变细胞膜的结构与透性、破坏细胞的正常代谢过程，比如作物体内水分的分配异常、原生质体的机械损伤。③对作物激素水平的影响主要表现为：作物体内脱落酸浓度明显增加，且脱落酸、乙烯等的浓度随干旱程度而变化。

简而言之，作物最先感知土壤干旱的器官是根系，根系吸水困难，就会分泌一些生理激素，进而使作物气孔关闭，影响作物的正常生长。

7. 什么是气象干旱?

气象干旱也称大气干旱，根据气象干旱等级的国家标准，气象干旱是指某时段内，由于蒸发量和降水量的收支不平衡，水分支出大于水分收入造成的水分短缺现象。

气象干旱指标是利用气象要素根据一定的原理计算数值来监测和评价某区域某时段内的水分亏欠程度。气象干旱通常以降水的短缺为指标，降水持续偏少是气象干旱最主要的特征；在判断是否出现干旱的问题上，多要素的气象干旱指标除了要考虑干旱的主要影响因子——降水，还需考虑蒸发、气温等其他因素，才能更加全面准确。

通常情况下大气降水的亏缺造成的气象干旱是最先出现的，随后导致土壤湿度下降造成作物减产从而产生农业干旱。

一般来说，在灌溉农业体系中，气象干旱不能完全反映作物的实际干旱状况。

8. 什么是土壤含水量?

土壤水分是土壤重要的物理参数，对土壤水分及其变化的监测是农业、生态、环境、水文和水土保持等研究工作中的一项基础工作。土壤水分含量也是农业灌溉决策、管理中的基础数据。测定土壤含水量可掌握作物对水的需要情况，对农业生产有很重要的指导意义，对实现农业精准灌溉的作用是相当明显的。

土壤含水量一般是指土壤绝对含水量，即100克烘干土中含有的水分重量，也称土壤含水率。土壤含水量常用重量含水率与体积含水率表示，重量含水率是指土壤中水分的重量与相应固相物质干重的比值，体积含水率是指土壤中水分占有的体积和土壤总体积的比值。体积含水率与重量含水率之间可以通过土壤容重换算。土壤含水量的表示方法有以下几种。

（1）以质量分数表示土壤含水量。以土壤中所含水分重量占烘干土重的百分比表示，计算公式为

$$\text{土壤含水量(重量,\%)} = \frac{\text{原土重} - \text{烘干土重}}{\text{烘干土重}} \times 100\%$$

$$= \frac{\text{水重}}{\text{烘干土重}} \times 100\%$$

（2）以体积百分数表示土壤含水量。以土壤水分容积占单位土壤

容积的百分比表示，计算公式为

$$\text{土壤含水量(体积,\%)} = \frac{\text{水分容积}}{\text{土壤容积}} \times 100\%$$

$$= \text{土壤含水量(重量,\%)} \times \text{土壤干容重}$$

土壤容重是指自然结构条件下，单位体积的干土重量，单位为克/米^3。干土是指105～110℃条件下的烘干土。常见土壤类型土壤的容重见表1。

表1　不同类型土壤容重参考值

土壤类型	质地	容重（克/米^3）	地区
黑土、草甸土	沙土	1.22～1.42	华北地区
	壤土	1.03～1.39	
	壤黏土	1.19～1.34	
黄绵土、垆土	沙土	0.95～1.28	黄河中游地区
	壤土	1.00～1.30	
	壤黏土	1.10～1.40	
淮北平原土壤	沙土	1.35～1.57	淮北地区
	沙壤土	1.32～1.53	
	壤土	1.20～1.52	
	壤黏土	1.18～1.55	
	黏土	1.16～1.43	
红壤	壤土	1.20～1.40	华南地区
	壤黏土	1.20～1.50	
	黏土	1.20～1.50	

（3）以水层厚度表示土壤含水量。将一定深度土层中的含水量换算成水层深度来表示，计算公式为

水层厚度（毫米）＝土层厚度（毫米）×体积土壤含水量

（4）相对含水量。将土壤含水量换算成占田间持水量的百分数来表示，计算公式为

旱地土壤相对含水量（%）=土壤含水量/田间持水量×100%

9. 常用的土壤水分常数有哪几种？

土壤水分常数是指依据土壤水所受的力及其与作物生长的关系，在规定条件下测得的土壤含水量。它们是土壤水分的特征值和土壤水性质的转折点，严格来说，这些特征值应是一个含水量范围。土壤水的类型不同，其被作物利用的难易程度也不同。凋萎系数以下的水分属无效水，不能被作物利用；凋萎系数和田间持水量之间的水分，具有可移动性，能及时满足作物的需水量，属有效水；超过田间持水量的水分属多余水。

（1）田间持水量。毛管悬着水达到最大数量时的土壤含水量称为田间持水量。

（2）饱和含水量。当土壤全部孔隙被水分充满时，土壤便处于水分饱和状态，这时土壤的含水量称为饱和含水量或全持水量。

（3）萎蔫系数。当土壤含水量降低到某一程度时，植物根系吸水非常困难，致使植物体内水分得不到补充而出现永久性凋萎现象，此时的土壤含水量称为萎蔫系数，也称凋萎系数。

一般把土壤田间持水量与凋萎系数之差作为土壤有效含水量。

10. 什么是田间持水量？

毛管悬着水达到最大量时的土壤含水量称为田间持水量。田间持水量指在地下水较深和排水良好的土壤充分灌水或降水后，允许水分充分下渗，并防止其水分蒸发，经过一定的时间，土壤剖面所能维持的较稳定的土壤水含量（土水势或土壤水吸力达到一定数值），是大多数植物可利用的土壤水上限。

因此，田间持水量长期以来被认为是土壤所能稳定保持的最高土壤含水量，也是土壤中所能保持悬着水的最大量，是对作物生长有效的最高土壤水含量，且被认为是一个常数。

我国各地的田间持水量如表2所示。

因此，我们的灌溉上限就是土壤孔隙全部充满水，而且土壤水不下渗，即灌溉量达到田间持水量时停止灌溉。

表2　不同质地土壤的有效水含量

质 地	地区（土壤）	田间持水量	质 地	地区（土壤）	田间持水量	质 地	地区（土壤）	田间持水量
细沙土	辽西风沙土	4.5	沙土	华北平原	10～14	沙壤土	黄土高原	16～18
面沙土	辽西风沙土	11.7	紧沙土		16～22	轻壤土		18～20
沙粉土	嫩江黑土	12.0	沙壤土		16～30	中壤Ⅰ带		20～22
粉土	晋西黄绵土	17.4	轻壤土		20～24	中壤Ⅱ带		20～22
粉壤土	蒲城垆埁土	20.7	中壤土		22～28	重壤土		20～24
黏壤土	武功油土	19.4	重壤土		22～28			
黏壤土	武功油土	20.0	轻黏土		28～32			
粉黏土	嫩江黑土	23.8	中黏土		25～35			
			重黏土		30～35			

资料来源：陈晓燕等，2004，全国土壤田间持水量分布探讨。

11. 什么是萎蔫系数？

当土壤含水量降低到一定程度时，植物根系吸水非常困难，致使植物体内水分得不到补充而出现永久性萎蔫现象，一旦植物出现永久性萎蔫，无论采取任何措施，都不能够使植物恢复正常生长，植物开始发生永久萎蔫时的土壤含水量称为萎蔫系数，亦称凋萎系数或者凋萎点。凋萎系数常用的表示方法有重量百分比和体积百分比两种。

萎蔫系数是个理想化的概念，事实上植物是否表现出水分不足而萎蔫的现象，并不是单纯取决于土壤含水率或者土水势，还取决于植物根系吸水率能不能满足植株体蒸腾的需要和气象因子，这显然是个动态的过程，而萎蔫系数这个数值则不能完全满足这个动态过程。依据经验，对于大多数土壤、植物和气候条件，它仍然是一个很好的近似值，是了解土壤水分状况、进行土壤灌溉和改良的重要依据。

萎蔫系数是作物正常生长季开始灌溉的下限，因此灌溉开始前土壤中必须有一定量的水。

12. 植物根系如何吸水？

植物主要依靠根系从土壤中吸收水分，供给植物生长发育、新陈代谢、蒸腾等生理活动。植物根系有两种吸水机制，一种是主动吸水（渗透流）：在蒸腾作用较弱的情况下由离子主动吸收和在根内外的水势差作用下的吸水；另一种是被动吸水（压力流）：由于蒸腾作用产生土壤-作物-大气间水势差而使根系吸水；一般情况下，两种吸水作用是同时存在的。

根系吸收水分和养分最活跃的部位是根尖以上的分生组织区，大致距离根尖1厘米，幼嫩根的吸收能力比衰老根强。根系吸收水分和养分最多的部位距离根尖1～10厘米，越靠近根尖，吸收能力越强。植物的根毛区是植物吸收水分和养分的主要部位，根毛多会增加根系对养分的吸收面积，但根毛与土壤湿度相关性很大，干旱的土壤中根毛分布较少，所以干旱土壤中的作物对养分的吸收较弱。

影响根系吸水的内部因素主要是根木质部溶液的渗透势，根长及其分布，根系对水分的透性或阻力，以及根系呼吸速率等；外部因素主要是环境因素，包括土壤中可被植物根系利用的土壤水分、土壤通气状况、土壤阻力、土壤温度、土壤溶液浓度、大气状况等。

13. 什么是蒸腾作用？

植株蒸腾是作物根系从土壤中吸收水分，通过叶片的气孔扩散到大气中的现象。事实上，植株蒸腾要消耗大量水分，作物根系吸收的水分有99％以上是通过蒸腾作用消耗的，只有不足1％的水分残留在作物体内，成为作物体的组成部分。

蒸腾作用是指土壤水分由作物根系运移到叶片，再由叶片以水蒸气的状态散失到大气中的过程。这与物理学的蒸发过程不同，蒸腾作用不仅受外界环境条件的影响，还受作物本身的调节和控制。蒸腾是作物体一个复杂的生理过程。影响作物蒸腾作用的因素主要是气象因素，包括光照强度、环境温度、空气湿度、风速状况等。蒸腾作用在作物生长过程中有重要意义：①能降低叶片表面的温度，使叶子在强光下进行光合作用而不致受到伤害。②蒸腾作用是植株根系吸收和运输水分的驱动力，促进作物根系对水分的吸收。③促进土壤中养分在作物体内的运输，加速无机盐向地上部分的运输。

14. 什么是裸地蒸发？

裸地蒸发又称土面蒸发，是在没有作物生长的土壤中水分汽化散失到大气的过程。裸地蒸发发生在土壤的表面，所以土面蒸发的强度除与植株蒸腾一样都受气象因素的影响外，还受土壤自下向上的输水能力的制约，其数值随着土壤含水量的降低而减小。

裸地蒸发的过程有3个：①大气蒸发率控制阶段（即蒸发率不变）。土壤湿润，土壤的输水能力大于外界蒸发能力时，在外界蒸发力的影响下，土壤水分通过毛细管作用，不断地向地表运行，水分在地表汽化、扩散，土壤水分蒸发强烈，此时表土蒸发强度等于外界蒸发能力（常以水面蒸发来表征）。②土壤导水率控制阶段（即蒸发率降低）。随着蒸发的不断进行，蒸发耗水使土壤含水量降低，当土壤含水量下降至毛管水断裂含水量时，毛细管水断开，毛细管作用停止，土壤水分以膜状水的形式存在，这时的土壤水分运动缓慢，土壤蒸发明显减弱，此时，土壤水分不仅发生地表蒸发，还可汽化，并经土壤空隙向大气扩散，此时的土壤蒸发取决于土壤的输水能力和表土蒸发强度。③扩散控制阶段（即干土层的蒸发由水汽扩散控制）。当土壤含水量降低、接近萎蔫系数时，土壤水分由底层向土面的膜状水的运动基本停止，地表土壤内只有气态水进行扩散，蒸发能力甚小，此时地表已经出现很厚的干土层，水分已经不能满足作物需要。

科学灌溉的核心是将更多的水用于植物蒸腾，而非裸地蒸发。

15. 什么是水分生产函数？

作物水分生产函数是指在作物生长发育过程中，作物产量与投入水量或作物消耗水量之间的数学关系。作物水分生产函数可以确定作物在不同时期、不同程度缺水时给产量带来的影响。因此，它是研究非充分灌溉的必需资料之一。作物水分生产函数随不同的作物、地点、年份、灌溉与农业技术条件而变化，一般应根据当地的具体条件进行灌溉试验来确定。由作物水分与产量的关系可知，供水过多或者过少都会造成作物减产，所以在非充分灌溉中首先是要研究作物缺水对产量的影响程度，即作物水分生产函数。水分生产函数一般表示为作物产量与水分因子之间的数学关系，其中产量可用单位面积产量（Y）、平均产量（$K=Y/W$）、边际产量（也指水量变动时引起的产量变动率，dy/dW）来表示，水分因子常用灌水量（W）、实际腾发量（ET_a）、土壤含水量（θ_a）来表示。作物水分生产函数模型（表示方法）多种多样，常见的一种是传统模型：作物产量与水量呈线性或者非线性关系。另一种是常用的代表性模型：相乘、相加模型。

16. 作物耗水量与产量之间有什么关系？

作物耗水量指作物从播种到收获全生育期消耗的水量，包括作物蒸腾量和棵间蒸发量，以毫米或米^3/公顷计。对于干旱田，作物耗水量即作物需水量；对于水稻田，作物耗水量为作物需水量与渗漏量之和；对于滴灌水肥一体化，作物耗水量与作物的需水量基本一致。作物耗水量是规划、设计灌溉工程和计划用水的基本依据。气象条件（光照、温度、湿度、风速、气压等），品种特性，土壤性质，土壤湿度，产量水平和农业技术措施等显著影响作物耗水量的大小及其变化规律。我国地域广阔，自北向南气候变化较大，因此形成了多样的气候条件，不同地区的作物耗水量不同。

作物生产的最终目的就是通过合理的栽培管理措施，在充分利用环境资源的条件下，尽可能获取较高的产量。营养生长与生殖生长是构成作物个体发育的两个基本过程，两者有着相互制约和相互促进的关系，其中营养生长与生殖生长的协调性是作物产量高低的标志。作物产量与耗水量的关系亦称作物水分生产函数。作物产量与耗水量基本呈二次函数关系，即随着耗水量的增加，作物产量逐渐提高，但当作物产量提高到一定程度之后，随着耗水量的进一步增加，产量开始逐渐降低。

因此，在实际灌溉应用中，并不是灌得越多越好，灌溉定额过高反而不利于作物产量的提高，也会导致水资源的浪费，只要保证在作物关键生育期让作物“喝足”，就可以实现作物产量和灌溉水分利用效率的提高。

17. 什么是作物需水规律?

作物需水规律即作物生育期内各生育阶段作物需水（耗水）的变化规律，通过研究作物需水规律可以确定作物的需水特性和需水临界期。作物需水量是指作物在适宜的外界环境条件下（包括对土壤水分、养分充分供应）正常生长发育达到或接近该作物品种的最高产量水平所消耗的水量。

作物需水量根据研究目的的不同而有不同的定义。农学家以产量为研究目的，将生产单位产量干物质所需的水分定义为作物需水量；水利学家以灌溉量为研究目的，将充分供水条件下的农田蒸散速率定义为需水量。因此，有人将作物水分利用与消耗区分为生理需水和生态需水，生理需水是直接用于植物生长发育过程的水分，为生产性用水，表现为生理性水分散失和生化作用等，主要的水分支出为气孔蒸腾。生态需水为作物适应特定的生态环境或人为创造适宜生态环境所需的水分，为非生产性用水，表现为棵间蒸发。

在正常生育状况和最佳水、肥条件下，作物整个生育期中，农田消耗与蒸散的水量一般以蒸散量表示，即植株蒸腾量与棵间土壤蒸发量之和，以每亩* 多少毫米或多少立方米计。

简而言之，作物需水规律是指不同区域、不同作物、不同生育阶段满足作物正常生长发育达到或接近该作物品种的最高产量水平所消耗的水量的时间分配特征。

18. 如何确定作物需水规律?

大田作物需水规律的确定也就是作物各生育期田间需水量变化情况的确定，目前有多种方法可用于估算作物需水量，概括起来有两类：①直接计算法，如 Jensen - Haise 法、Ivanov 法、Blaney - Criddle 法、Hargeres 法、Van Bavel - Bhsinger 蒸渗仪测定法、红外遥感技术测定法、水量平衡法等可直接估算作物需水量。②间接计算法，如

---

* 亩为非法定计量单位，15 亩=1 公顷。——编者注

通过参考作物蒸发蒸腾量 ET_0 与作物系数 K_C 计算的方法。目前普遍采用田间试验确定作物田间需水量，主要有水量平衡法和蒸渗仪测定法，水量平衡法简单实用，但需水量测定精度较低。蒸渗仪法是利用完全封闭的容器进行作物需水量的测定，可以精确测定由灌溉、降水和作物蒸发蒸腾引起的土壤含水量变化。当前最为常用的为大型称重式蒸渗仪，可以较为精确地测定作物日需水量强度，可以有效地得到作物生育期需水量变化规律，精度较高。然而，计算作物需水量的方法均为经验公式，采用气象因子与作物需水量的经验关系进行计算，由于经验公式有较强的区域局限性，其应用范围受到很大的限制。

19. 如何确定作物灌溉制度？

灌溉制度是为了保证作物适时播种（或栽秧）和正常生长，通过灌溉向田间补充水量的灌溉方案。灌溉制度的内容包括灌水定额、灌水时间、灌水次数和灌溉定额。灌水定额是一次灌水在单位面积上的灌水量，生育期各次灌水的灌水定额之和即灌溉定额。灌水定额和灌溉定额常以米^3/公顷或毫米表示，它是灌区规划及管理的重要依据。充分灌溉条件下的灌溉制度，是指在灌溉供水能够充分满足作物各生育阶段的需水量要求的条件下制定的灌溉制度。

灌溉制度的制定主要通过每次灌水时间和灌水定额来确定，具体方法包括通过总结群众丰产经验、进行灌溉试验、按水量平衡原理进行计算和根据作物的生理指标制定灌溉制度。下面以棉花为例分别阐述 4 种灌溉制度的建立方法。

（1）基于经验的丰产灌溉制度。在获得早苗、壮苗的基础上，增施肥料、合理灌溉并采用一系列的综合栽培技术，充分满足棉花对肥水的需求，促使棉苗早发育，确保多坐伏前桃、伏桃和秋桃，减少蕾铃脱落，是棉花丰产的重要途径。经过多年的实践、摸索，各地群众根据长期的生产调查和植棉灌溉技术经验，在棉花丰产灌溉技术方面有了很大的提高和创新。棉田灌溉方面的基本经验可以归纳如下：加强出苗前土壤保墒，棉田冬（春）季储水灌溉，苗期浇“头水”宜晚，以促使棉苗“敦实健壮”、早发育；在土壤表面墒情不足，不能满足播种、出苗需求时进行灌溉；在蕾期浇好现蕾水能显著增加伏前桃；要保证花铃期充分供水，维持比较高的土壤湿度，增蕾、增铃，减少脱落，防止早衰；此外，为充分利用生长期，丰产棉田可适当推迟停水期，满足棉株对水分的需要，大抓秋桃。

（2）基于灌溉试验制定棉花灌溉制度。长期以来，我国各地的灌溉试验站已进行了多年的灌溉试验工作，积累了一大批相关的试验观测资料，这些资料为制定棉花灌溉制度提供了重要依据。棉花膜下滴灌属“浅灌勤灌”，蕾期和花铃期灌水密集，这两个生育阶段的灌水定额可为 26～35 毫米，蕾期灌水周期为 9～10 天，花铃期灌水周期为7～8 天。

（3）基于水量平衡原理的灌溉制度。基于水量平衡原理的灌溉制度以棉花各生育期内的土壤水分变化为依据，从对作物充分供水的观点出发，要求在棉花各生育期内计划湿润层内的土壤含水量维持在棉花适宜水层深度或土壤含水量的上限和下限之间，降至下限时则应进行补充灌水，以保证为棉花充分供水。应用时一定要参考、结合前几种方法的结果，这样才能使制定的灌溉制度更为合理与完善。棉花的耗水量随着灌溉量的增加而增大，在北疆棉田适宜的滴灌灌溉量为 3 900 米^3/公顷，棉花最大蒸散量出现在花铃期，其中开花—吐絮期，耗水量为 240.96 毫米，最大耗水时段为现蕾—吐絮期，日均耗水量为 3.29～4.15 毫米。

（4）根据作物的生理指标制定灌溉制度。棉花对水分的生理反应可从多方面体现，将作物各种水分生理特征和变化规律作为灌溉指标，能更合理地保证作物的正常生长发育和对水分的需要。目前可用于确定灌水时间的生理指标包括冠层-空气温度差、细胞液浓度和叶组织的吸水力、气孔开张度和气孔阻力等。

在生产实践中，常把上述 4 种方法结合起来使用，根据设计年份的气象资料和作物的需水要求，参照群众丰产经验和灌溉试验资料，结合作物生理指标，根据水量平衡原理拟定作物灌溉制度。

20. 如何确定作物灌水量及最优灌溉定额？

应用水肥一体化技术最常见的问题是过量灌溉，农户总担心水量不够，人为延长灌溉时间。不结合施肥时，过量灌溉只是水的浪费，但当利用水肥一体化技术时，过量灌溉就会产生非常严重的后果。过量灌溉后，溶解于灌溉水的养分会随水淋洗到根层以下，使随水施入的肥料难以被根系吸收，对壤土和黏土而言，流失的主要是尿素、硝态氮，造成作物缺氮，对沙土而言，过量灌溉后，各种养分都会被淋洗掉。因此，水肥一体化技术下作物灌水量的确定是十分重要的，合理的灌水量是以湿润作物根区土壤为原则，在实际灌溉中，挖开土壤查看湿润土壤的深度，根系层湿润了，立刻停止灌溉，记录每次灌水量。

灌溉定额是最直接应用在作物灌溉中的灌水参数，利用作物产量与灌溉定额的关系可以建立灌水模型，有效指导灌溉实践。作物产量与灌溉定额基本是二次抛物线的关系，即 $Y=aW^2+bW+c$，其中 Y 为作物产量，W 为灌溉定额。该灌溉模型的建立需要通过不同灌溉定额处理的田间小区试验来确定，利用田间灌溉试验数据和产量数据拟合作物产量和灌溉定额的二次函数曲线，进一步确定作物产量最高的最优灌溉定额。

21. 如何确定灌水周期?

灌水周期亦称灌水时距，是在灌溉设计中，前后两次灌水的时间间隔，应等于灌溉计划内土壤水分从上限降至下限所经历的时间。设计灌水周期是指在设计灌水定额和设计日耗水量的条件下，能满足作物需要的两次灌水之间的最长时间间隔。这也只能表明灌水系统的能力，因为实际灌水中可能会出现停水、配水设备故障等情况，所以理论上的灌水周期要大于设计灌水周期。理论灌水周期的计算公式为控制区内的最大净灌水定额与作物最大需水量的比值，比如最大净灌水定额为 31 毫米，作物最大需水量为 5.5 毫米/天，则理论灌水周期为 5.6 天，设计灌水周期可以取 5 天。

22. 灌溉与土壤盐分累积有什么关系?

由于灌溉而使土壤盐分累积，由此产生的典型问题就是土壤次生盐渍化。在干旱半干旱区发展自流灌溉而导致土壤发生次生盐渍化，迄今仍然是一个尚未完全解决且具有普遍性的问题。近半个世纪以来，由于我国现代灌溉事业的迅速发展，干旱和半干旱区土地灌溉面积不断扩大，因灌溉不当而引起土壤次生盐渍化的问题，已成为当今农业发展的主要障碍之一。我国北方的许多新、老灌区，如内蒙古河套灌区、宁夏银川灌区、山西汾河灌区、新疆皮墨垦区等，都存在土壤次生盐渍化问题，其原因主要是无节制灌溉造成灌水量过大、灌溉渠道渗漏以及其他管理工作不善，进而引起地下水位的抬升，随着灌区农田水分不断蒸发，携带矿物质的地下水便随水气聚集到地表，形成土壤次生盐渍化。

灌溉导致土壤盐分累积主要有以下几个原因。

（1）在具有潜在盐渍化威胁的地区，运用引、蓄、灌、排等水利技术措施不合理，导致灌区地下水位普遍上升，超过当地的地下水临界深度，这是引起盐分累积、进而引发土壤次生盐渍化最主要的原因。在相同条件下，地下水位越浅，矿化度越高，土壤积盐越迅速、越重。即使在地下水矿化度不高的情况下，如其水位长期处于临界深度以上，也会引起土壤盐渍化。这方面的实例国内外比比皆是。

（2）利用地面或地下矿化水灌溉，而又缺乏良好的排水淋盐等调控水盐动态的措施，导致盐分在上层土体累积，使土壤发生次生盐渍化。在地下水埋藏深的地区，用高矿化度的微咸水和咸水进行灌溉而导致土壤发生次生盐渍化的过程，与自然情况下受矿化地面径流影响的现代盐分累积过程基本一致。

（3）干旱地区许多具有积盐层的各类型土壤，具有明显的盐分累积而形成底层盐的现象。在发展灌溉的情况下，由于灌溉渗水流量有限，不足以接触到地下水，而仅能湿润心底土积盐层，并溶解活化其中的盐分，后又随土壤毛管上升水流的蒸发而向土壤表层累积，导致土壤发生次生盐渍化。

由上述原因可知，灌溉不当导致土壤盐分累积而引起的土壤次生盐渍化问题也是多种多样的。为提高现有耕地的单位面积生物产量和为了发展综合性农业而开垦利用荒地资源时，应根据当地水文、地质、土壤等基础条件合理运用引、蓄、灌、排等水利技术措施发展灌溉，改善农业生产条件，减少灌溉引起的盐分累积现象。

目前部分区域也通过合理灌溉实现了盐碱地的改良和利用。合理的灌溉和排水不会引发土壤次生盐碱化，科学的滴灌调盐技术能适时适量地为作物供水，而且能淡化作物主根区的盐分，为作物正常生长提供所需的土壤水盐动态环境。

23. 滴灌过程中土体剖面内水分、盐分如何迁移?

滴灌土壤水肥运动规律的研究，是正确设计滴灌系统和高效管理田间作物水肥的前提和基础。滴灌水分由滴头直接滴入作物根部附近的土壤，在作物根区形成一个椭球形或者球形湿润体。虽然灌水次数多，但湿润的作物根区土壤，湿润深度较浅，而作物行间土壤保持干燥，形成了明显的干湿界面特征，滴灌条件下作物根区表层（0～30 厘米）土壤含水量较高，与沟灌相比，大量有效水集中在根部。土壤中盐分的运移一般包括以下两个重要过程：一是在滴头灌水时，土壤盐分随入渗水向四周迁移的过程。在滴灌过程中，盐分随着灌溉水被带到湿润区边缘，距滴头较近的区域土壤含盐量低于土壤初始含盐量，而较远的区域土壤含盐量高于土壤初始含盐量。二是滴头停止灌水后，地表不再有积水下渗，此时土壤水分主要是在土壤水势梯度及植物蒸腾和土面蒸发作用下进行再分布，则盐分也将随着水分的再分布而迁移。

由于滴头向土壤供水是一个点源空间三维的入渗现象，因此土壤盐分也将在水分的携带下，沿点源的径向不断向四周迁移。因此可将滴灌入渗过程中土壤含盐量低于土壤初始含盐量的区域称为脱盐区，而将土壤含盐量高于土壤初始含盐量的区域称为积盐区。滴灌所形成的脱盐区又可分为两个子区，一个是作物可以正常生长的淡化区，可称之为达标脱盐区；另一个是超出作物耐盐度（例如棉花耐盐度为 5 克/千克）的淡化区，可称之为未达标脱盐区。在一次滴灌灌水后，从土壤盐分重新分布状况与作物生长的关系来看，土壤盐分的分布状况可划成 3 个区，即达标脱盐区、未达标脱盐区及积盐区（图 2）。

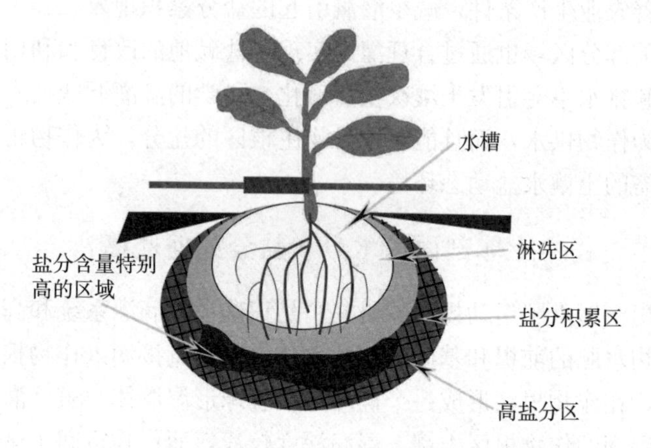

图2　滴灌后土壤盐分空间分布图

24. 如何利用田间持水量和土壤容重确定滴灌作物一亩地的最大灌溉量?

毛管悬着水达到最大量时的土壤含水量称为田间持水量，是大多数植物可利用的土壤水上限。

在水肥一体化中灌溉上限原则上是土壤毛管孔隙全部充满水而且土壤水不下渗的量，灌溉量达到田间持水量时停止灌溉。

$$田间持水量=\frac{毛管孔隙灌满水土壤重量-烘干土壤重量}{烘干土壤重量}\times 100\%$$

土壤相对含水量（%）=土壤含水量/田间持水量×100%

田间持水量是土壤的一项物理性质，《全国土壤田间持水量分布探讨》的研究结果见表1、表2。

以华北平原的壤土为例计算，查上面两个表可以发现：田间持水量为20%～24%，现在取值24%；土壤容重为1.03～1.399克/厘米^3，为方便计算取值1.30克/厘米^3。

根据公式推导，以计划每亩湿润土层深度为20厘米计算：

灌溉水的最大量=667米^2×计划湿润层深度×土壤容重×田间持水量，约等于41.6米^3。

在实际生产中不能等到土壤完全干燥再进行灌溉。因为当土壤含水量降低到某一程度时，植物根系吸水非常困难，致使植物体内水分得不到补充而出现永久性凋萎。因此凋萎系数是开始灌溉的下限，也就是开始灌溉前土壤中还会有一定量的水。

故公式校正为

$$\text{灌溉水的最大量}=667\text{ 米}^2\times\text{计划湿润层深度}\times\text{土壤容重}\times(\text{田间持水量}-\text{萎蔫系数})$$

不同作物在不同土壤中的萎蔫系数不同，根据资料不同土壤的萎蔫系数大概值如表3所示，沙土最小为3%，黏土为15%，壤土为9%左右。

表3 土壤质地与土壤最大有效水含量的关系

土壤质地	沙土	沙壤土	轻壤土	中壤土	重壤土	黏土
田间持水量（%）	12	18	22	24	26	30
萎蔫系数（%）	3	5	6	9	11	15
有效水最大含量（%）	9	13	16	15	15	15

因此，上例华北平原的壤土，20厘米计划湿润层深度最大灌水量应该是

$$\begin{aligned}\text{最大灌水量}&=667\text{ 米}^2\times\text{计划湿润层深度}\times\text{土壤容重}\times(\text{田间持水量}-\text{凋萎系数})\\&=667\text{ 米}^2\times0.2\text{ 米}\times1\,300\text{ 千克}/\text{米}^3\times(0.24-0.09)\\&=26\,013\approx26\text{ 米}^3\text{。}\end{aligned}$$

通过上述推导和计算，得出一亩地的最大灌溉量为：土壤面积×计划湿润层深度×土壤容重×（田间持水量−萎蔫系数），以根系计划湿润层40厘米计算，最大灌溉量不应该超过52 米^3；实际生产中，灌溉面积一般不应该是667 米^2，如果全部灌溉就不是滴灌，而是常规灌溉，建议乘以系数0.7；除了蹲苗期土壤相对干旱外，其他时候一般灌溉前土壤含水量较大，而且水肥一体化不应该将土壤灌溉至过饱和，建议乘以系数0.4～0.8，因此，一亩地最大的灌水量控制在15～30 米^3 比较合适。

简而言之，土壤的萎蔫系数是灌溉下限，田间持水量是灌溉上限，最大灌溉量应该按照如下公式计算：最大灌水量＝土壤面积×计

划湿润层深度×土壤容重×（田间持水量－萎蔫系数），然后乘以灌溉面积系数0.7和灌水量校正系数0.4～0.8；土壤容重和田间持水量可以通过实验室分析获取，粗略计算时可以参考表3。

25. 什么是土壤毛细现象?

毛细现象是指当含有细微缝隙的物体与液体接触时，在浸润情况下液体沿缝隙上升或渗入，在不浸润情况下液体沿缝隙下降的现象。在浸润情况下，缝隙越细，液体上升越高。土体里有很多由土壤颗粒相互排列形成的土壤孔隙，这些孔隙组成了土壤水分流通的通道，为研究方便，把土壤中较小孔隙组成的通道称为毛细管，地下的水分经常沿着这些毛细管上升到地面，这就是土壤毛细现象。

土壤毛管水分为上升毛管水和悬着毛管水，上升毛管水是指地下水由土层下部沿土壤毛细管上升的水分；悬着毛管水不受地下水补给时，土壤中所能保持的地面渗入的水分。

毛管水的运动是干旱半干旱地区的一个重要的水文过程，毛管水上升量的多少及其上升高度直接影响作物的生长状况；浅层地下水通过土壤毛管作用可以补给作物生育期一部分需水，但在地下水矿化度较高并且埋深较浅的地区，土壤毛细管的作用会导致土壤次生盐渍化的发生。

土壤毛管性能主要体现在水分在土壤毛细管中上升的高度和速度；在毛管水最大上升高度范围内，输水速度快，盐分随水运移的速度快，土壤容易返盐。如果要保存土壤水分和防止地下水盐上升，就应当通过适量灌溉减少地下水补给，或者破坏土壤表层的毛细管，减少浅水蒸发。

26. 为什么讲盐随水来、水去盐存?

“盐随水来，水去盐存”是土壤水盐的运动规律，作物受渍、土壤返盐都与地下水的活动有关，耕层盐分的增减与高矿化度的地下水密不可分。春秋季节干旱少雨，蒸发量大于降雨量，盐分随着水分的蒸发不停地向土壤表层移动，使盐分积聚在表层；夏季降雨量大，蒸发量小于降雨量，雨水将盐分向土壤下层淋洗，土壤表层盐分下降。

“盐随水来，水去盐存”主要包括3方面的内容。①深层土壤或者地下水中的盐分主要通过潜水蒸发转移至土壤表层：土壤盐分含量及土壤盐渍化状况受地下水位的影响最大，土壤发生盐渍化的一个决定性条件就是地下水埋深，土壤盐分与地下水埋深有着紧密的联系。地下水埋深越浅，土壤水分的蒸发量越大，土壤表层积盐越严重；地下水埋深较深的区域土壤表层盐分含量较低。地下水位较浅，即使地下水盐分含量较低，由于蒸发进入土壤中的水分较多，也会携带较多的盐分，使土壤表层积盐。②外部盐分随着灌溉水进入土壤：环境中可溶性盐分在水流的作用下溶于水，随着农田灌溉，含盐水进入土壤，随着土壤蒸发作用水分散失，盐分在土壤中累积；另外微咸水或含盐地下水灌溉等都可能将外界盐分带入土壤。③耕层内部的水盐运移：灌水时，土壤盐分随水流向四周迁移，当停止灌水后，地表不再有积水下渗，此时土壤水分主要是在土水势梯度下进行再分布，盐分也随着水分的再分布而迁移。一般情况下，在外界大气蒸发作用的影响下，土壤盐分多向表土聚积。

27. 土壤水分测定方法有哪些？

土壤水分测定方法包括烘干称重法、张力计法、电阻法、中子法、γ射线法、驻波比法、光学测量法、TDR法、FDR高频振荡法。

（1）烘干称重法。烘干称重法测定的是土壤重量含水量，有恒温箱烘干法、酒精燃烧法、红外线烘干法等。恒温箱烘干法一直被认为是最经典和最精确的方法，目前烘干法依然是唯一校验仪器准确度的方法。

$$\text{土壤含水量}=\frac{\text{烘干前铝盒及土样质量}-\text{烘干后铝盒及土样质量}}{\text{烘干后铝盒及土样质量}-\text{烘干空铝盒质量}}\times 100\%$$

（2）张力计法。张力计法也称负压计法，它测量的是土壤水吸力。其测量原理如下：当陶土头插入被测土壤后，管内自由水通过多孔陶土壁与土壤水接触，经过交换后达到水势平衡，此时，从张力计读到的数值就是土壤水（陶土头处）的吸力值，也为忽略重力势后的基质势的值，然后根据土壤含水率与基质势之间的关系（土壤水分特征曲线），就可以确定土壤的体积含水率。

（3）电阻法。多孔介质的导电能力是同它的含水量以及介电常数有关的，如果忽略含盐量的影响，水分含量和其电阻间是有确定关系的。电阻法是将两个电极埋入土壤中，然后测出两个电极之间的电阻。但是在这种情况下，电极与土壤的接触电阻有可能比土壤的电阻大得多。因此将电极嵌入多孔渗水介质（石膏、尼龙、玻璃纤维等）中形成电阻块以解决这个问题。

（4）中子法。将中子源埋入待测土壤预埋的套管中，中子源不断发射快中子，快中子进入土壤介质与各种原子离子碰撞，快中子损失能量，从而慢化。当快中子与氢原子碰撞时，损失能量最大，更易于慢化，土壤中水分含量越高，氢原子就越多，从而慢中子云密度就越大。中子仪测定水分就是通过测定慢中子云的密度与水分子间的函数关系来确定土壤中的水分含量。中子法十分适用于监测田间土壤水分动态，套管永久安放后不破坏土壤，能长期定位连续测定，不受滞后作用影响，不限测深。需要田间校准是中子法的主要缺点之一。另外，仪器设备昂贵，一次性投入大，中子仪还有潜在的辐射危害。

（5）γ射线法（Gamma-ray attenuation）。γ射线法的基本原理是放射性同位素（现常用的是^{137}Cs、^{241}Am）发射的γ射线穿透土壤时，其衰减度随土壤湿容重的增大而提高。由于利用单能γ射线测定土壤水分受容重的影响很大，为此出现了用双能γ射线法同时探测容重和含水量，以消除土壤容重变化的影响。

（6）驻波比法（standing wave ratio）。即通过测量土壤的介电常数来求得土壤含水率。从电磁学的角度来看，所有的绝缘体都有可以被看成电介质，而土壤则是由土壤固相物质、水和空气3种电介质组成的混合物。在常温状态下，水的介电常数约为80，土壤固相物质的介电常数为3～5，空气的介电常数为1，可以看出，影响土壤介电常数的主要是含水率。利用土、水和空气三相物质的空间分配比例来计算土壤介电常数，并利用这些原理进行土壤含水率的测量。

（7）光学测量法。光学测量法是一种非接触式的测量土壤含水率的方法。光的反射、透射、偏振也与土壤含水率相关。先求出土壤的介电常数，从而进一步推导出土壤含水率。

(8) TDR法（时域反射法）。时域反射法也是一种通过测量土壤介电常数来获得土壤含水率的方法。通过测量电磁波在埋入土壤中的导线中的入射反射时间差 T 就可以求出土壤的介电常数，进而求出土壤的含水率。

(9) FDR高频振荡法。其测量土壤含水率的原理与TDR法类似，利用电磁脉冲原理，根据电磁波在土壤中的传播频率来测定土壤的表观介电常数的变化，这些变化转变为与土壤体积含水量成比例的频率信号。FDR法不仅比TDR法便宜，而且测量时间更短，在经过特定的土壤校准之后，测量精度高，而且探头的形状不受限制。

28. 不同土壤水分测定方法在科学灌溉中应用有什么不同?

烘干称重法虽然具有操作不便等缺点，但却是直接测量土壤重量含水率的唯一方法，在测量精度上具有其他方法不可比拟的优势。仪器测得的含水率均为土壤体积含水率，因此将烘干称重法作为一种实验室测量方法并用于其他仪器的标定。张力计法由于其测量的直接对象为土壤基质势，因此在更大程度上和其他土壤水分测量方法相结合用来测定土壤水分特征曲线。电阻法由于标定复杂，并且随着时间的推移，其标定结果将很快失效，而且由于测量范围有限、精度不高等，已经基本上被淘汰。基于辐射原理的中子法和 γ 射线法虽然有着精度高、速度快等优点，但是由于它们共同存在着对人体健康造成危害的致命缺陷，近年来已经在发达国家被弃用，在国内也仅用于少量试验研究。基于测量土壤介电常数的各种方法是近20年来新发展起来的一种测量方法，在测量的实时性与精度上都比其他测量方法更具优势，而且使用操作更加方便灵活，适用于不同用途的土壤水分的测量，是目前国内外广泛使用的一种土壤水分测量方法。光学测量法虽然具有非接触的优点，但由于受土壤变异性影响，误差大、适应性不强，其研究与开发的前景并不乐观。TDR法的优点是测量速度快、操作简便、精确度高（能达到0.5%）、可连续测量，既可测量土壤表层水分，也可测量剖面水分，既可用于手持式的时实测量，也可用于远距离多点自动监测，测量数据易于处理，但是价格昂贵。FDR法具有 TDR 法的所有优点，可以多深度同时测量，数据采集的实现较容易。

土壤相对含水量是灌溉系统的重要因素。相对含水量可直观地反映灌溉的起始含水量，常常被作为判断是否需要灌溉和计算灌水量的依据。而仪器测得的含水率均为土壤体积含水率，根据 $v=m/\rho$、$G=mg$ 可知，只要将体积含水量乘以水的密度（100 千克/米^3）便可算出质量，然后再用质量 m 乘以常数 g（9.8 牛/千克）就可以算出重量。如果是土壤的含水量，将体积换算成重量，则是体积含水量除以容重，换算得到的是土壤含水量；如果要求相对含水量，还需要将重量含水量除以土壤持水量。

29. 现代农业应该是浇地还是灌作物？

根系是作物吸收养分和水分的主要器官，也是养分和水分在植物体内运输的重要部位。水肥一体化技术主要是根据农作物对水、肥的实际需求，使用毛管上的灌水器和低压管道系统，把作物需要的溶液逐渐、均匀地滴至农作物根区。与普通沟灌相比，滴灌水肥一体化在土壤温度、水肥分布以及盐分运移等方面均明显不同；浅层水肥供应及膜间盐分聚集加剧了作物根系贴近地表分布生长，限制了作物根系的下扎，并且使其向滴灌带和膜内侧方向密集分布，呈极不对称的马尾巴型。

滴灌的作物根系不是按照整个土壤耕层均匀分布的，而是集中在某些特殊部位。例如，1 膜 1 管 2 行（30 厘米＋90 厘米）模式种植的玉米的根系就分布在滴灌带左右 30～35 厘米的区域。换句话说，玉米宽行的 1/2 耕地没有根系，如果在这个区域灌溉和施肥，意义又何在呢？

所以，现代农业中我们应该是浇作物，而不是浇地。切勿只灌溉土壤，而不去关注作物。

二、科学灌溉技术

30. 为什么要科学灌溉？

我国幅员辽阔，960 万千米^2 的国土上既有华北旱作农业区，也有南方水田农业区、东北商品农业基地、西北灌溉农业区和青藏高原河谷农业区。南北方不同区域、不同流域的气候水文等自然条件大相径庭，经济发展水平差距极大，农作物的种类繁多。2019 年相继发生冬春旱、夏秋冬旱等阶段性和区域性干旱，2—5 月，东北地区遭遇春旱，云南大部、四川南部等地出现冬春旱；5—8 月，江淮黄淮等地高温少雨，其中山西、河南等地旱情较重，出现阶段性夏伏旱；7 月下旬，湖北、湖南、江西、安徽等地发生 1961 年以来最为严重的伏秋连旱。干旱造成部分地区经济作物和粮食作物减产，给农业生产和群众生活造成了严重影响。

简而言之，我们用全球 6%的淡水资源养活着全球近 20%的人口；水资源短缺是制约我国粮食安全的重要因素。因此，为使有限的水资源得到有效利用，提高农业生产的水利用效率，积极推广科学、高效的用水方式势在必行。大力推广科学灌溉技术是水资源紧缺的根本出路，也是提高农业综合生产能力、确保农业可持续发展的必然选择。

31. 什么是节水灌溉？

节水灌溉是以最低限度的用水量获得最大的产量或收益，也就是最大限度地提高单位灌溉水量的农作物产量或产值的灌溉措施。

我国推广应用的节水灌溉形式主要有以下 11 类：渠道防渗、管道输水、喷灌、微喷灌、滴灌、膜上灌和膜下灌、控制灌溉、坐水种、平整土地和改造沟畦、科学灌溉与节水管理、农业节水措施等。

32. 什么是管道输水?

管道输水是指以管道代替明渠的一种输水工程措施。农田管道输水灌溉是利用水库、山塘天然水头（或通过机泵）和管道系统直接将低压水引入田间进行灌溉的方法。管道输水直接将水送到田间灌溉，以减少水在明渠输送过程中的渗漏和蒸发损失。管道输水既可直接由管道分水口分水进入田间沟、畦，也可在分水口处连接软管输水进入沟、畦。与明渠灌溉相比，管道输水灌溉具有节水、省地、省工、低能耗等优点，成为节水灌溉技术中的主要措施。

以色列的输水管道工程堪称国际一流。全国除个别偏远山区外，全部实现了管道输水。其输水管道连接了大多数地区的供水系统，形成一个平衡的网络系统，可根据需要进行输水供水，避免了在输水过程中蒸发和渗漏引起的水的损失。

农田管道输水灌溉技术模式主要有以下 3 种：①山塘水库自流管灌模式：利用山塘水库坝下涵管（指一种埋设于地表以下的管道），充分利用坝前水头势能，在涵管进口处连接输水管道，并依据水源位置、控制范围及种植作物等确定管网的布置形式和适宜的管材管径技术模式，合理布置相关控制阀和给水栓（一种给水装置，可以向地面管道提供压力水源）。②提水灌溉模式：利用河流、渠道水源，修建提水泵站，将低处水提至高处，以达到作物灌溉的要求。③“管灌＋智慧灌溉”一体化模式：依靠自动控制技术、传感器技术、通信技术、计算机技术等，通过安装相应的仪器设备，对管灌系统中的干、支管进行控制，实现智能化远程节水灌溉控制和管理。

33. 什么是渠道防渗?

渠道防渗是一种减少渠道输水过程中渗漏损失的工程措施。不仅能节约灌溉用水，还能降低地下水位，防止土壤次生盐碱化；还可以防止渠道的冲淤和坍塌，加快流速提高输水能力，减小渠道断面和建筑物尺寸；同时节约占地，减少工程和维修管理费用等。农田灌溉渠道防渗的过程中，一是要加强渠道防渗的管理力度，二是要做好工程措施的合理控制。既要加强灌溉管理，又要做好计划用水的合理控制以及水量的合理调配，还要做好轮灌的组织安排，并对不合理的渠系布置进行改善，从而将田间工程配套布置好。农田灌溉渠道防渗的过程中，往往有着多种防渗方法，不同的防渗方法有着各自的优缺点。

渠道防渗方法可分为两类：①改变原渠床土壤的渗透性能，可分为物理机械法和化学法。前者是通过减少土壤孔隙达到减少渗漏的目的，可用压实、淤淀、抹光等方法；后者是掺入化学材料以增强渠床土壤的不透水性。②设置防渗层，即进行渠道衬砌，可用混凝土和钢筋混凝土、塑料薄膜、砌石、砌砖、沥青、三合土、水泥土和黏土等各种不同材料衬砌渠床。

总之，规划好、设计好、建设好渠道防渗工程可以有效地提高渠系水利用系数，充分发挥现有工程的效益，防止土壤盐碱化及沼泽化，更有效地防止渠道冲刷、淤积及坍塌。

34. 什么是喷灌?

喷灌是指用专门的管道系统和设备将有压水送至灌溉地段并通过喷头（喷嘴）射至空中，以雨滴状态降落在田间的一种灌溉方法。喷灌系统一般由水源、水泵、动力机、管道系统和喷头 5 部分组成。喷灌系统一般分为两大类。①管道式系统：固定式系统、移动式系统、半固定式系统。②行走式系统：绞盘式喷灌机、平移式喷灌机、滚移式喷灌机。喷灌适用于平坦地面各类大田作物，也可用于山丘地区的作物。

35. 什么是细流沟灌?

细流沟灌是用细小流量通过毛细管作用浸润土壤的沟灌方式。细流沟灌是干旱地区节水增产的一种常用灌水方法，它适用于中耕作物的灌水，也适用于小麦、糜谷、胡麻等密植作物以及瓜菜、果树、苗圃等的灌水。细流沟灌的进沟流量很小，一般为 0.05～0.15 升/秒，水在沟底缓慢流动，通过毛细管作用浸润土壤。细流沟灌主要有 3 种形式：①垄植沟灌，作物播种在垄背上。②沟植沟灌，作物种在沟底。③混植沟灌，垄背和沟内都种有作物。

36. 什么是微喷灌？

微喷灌是将灌溉水通过微喷头喷洒到作物和地面或直接喷洒在树冠下地面上的一种灌溉方式，这种灌溉方式简称微喷。微喷不仅可以补充土壤水分，还可提高空气湿度、调节田间小气候。微喷灌广泛应用于蔬菜、花卉、果园、药材种植，也可用于扦插育苗、饲养场所等区域的加湿降温。

微喷头是将压力水流以细小水滴的形式喷洒在土壤表面的灌水器。微喷头的工作压力一般为50～200千帕，射流孔径为0.8～2.2毫米，喷水强度一般小于0.24米^3/时；单个微喷头的喷水量一般不超过250升/时，射程一般小于7米。微喷头包括射流式、离心式、折射式、缝隙式4种。

37. 什么是滴灌？

田间滴灌带滴水展示

滴灌是利用管道系统和灌水器等专用设备，将具有一定压力的灌溉水一滴一滴地滴入植物根部附近土壤的一种灌水方法。滴灌主要借助毛管力的作用湿润土壤，不破坏土壤结构，可为作物提供良好的水、肥、气、热和微生物活动的条件，具有省水、省肥、增产的显著效果，且避免了土壤板结和杂草滋生，还可适应复杂地形，易于实现灌水自动化。滴灌仅湿润植物根部附近的部分土壤，蒸发损失小，不产生地面径流，几乎没有深层渗漏，是目前最省水的一种灌水方法。适用于干旱缺水地区，特别是干旱缺水的山丘区、高扬程灌区、深井灌区、严重渗漏的沙土区及城市郊区菜园、果园等。

目前国产设备和技术已经很成熟，有条件的地区应积极发展滴灌。

38. 滴灌有哪些类型？

按管道的固定程度，滴灌可分固定式、半固定式和移动式3种类型。

（1）固定式滴灌。其各级管道和滴头的位置在灌溉季节是固定的。其优点是操作简便、省工、省时，灌水效果好。固定式滴灌根据毛管灌水器的位置可分为地面固定式和地下固定式。地面固定式：毛管布置在地面，在灌水期间灌水器不移动的系统称为地面固定式系统，现在绝大多数采用这类系统。地面固定式系统可应用在果园、温室、大棚和少数大田作物的灌溉中，灌水器包括各种滴头和滴灌管（带）。这种系统的优点是安装、维护方便，也便于检查土壤湿润状况和测量滴头流量的变化情况；缺点是毛管和灌水器容易损坏和老化，对田间耕作也有影响。地下固定式：将毛管和灌水器（主要是滴头）全部埋入地下的系统称为地下固定式系统，这是近年来随着滴灌技术的不断改进和提高，灌水器堵塞情况减少后才出现的，但应用面积较小。与地面固定式系统相比，地下固定式系统的优点是免除了毛管在作物种植和收获前后安装和拆卸的工作，不影响田间耕作，延长了设备的使用寿命；缺点是不能检查土壤湿润状况和测量灌水器流量的变化情况，出现问题维修也很困难。

（2）半固定式滴灌。其干、支管固定，毛管由人工移动。

（3）移动式滴灌。其干、支、毛管均由人工移动，设备简单，较半固定式滴灌节省投资，但用工较多。在灌水期间，毛管和灌水器在灌溉完成后由一个位置移向另一个位置进行灌溉的系统称为移动式滴灌系统，此种系统应用也较少。与固定式系统相比，它提高了设备的利用率，降低了投资成本，常用于大田作物和灌溉次数较少的作物，但操作管理比较麻烦，管理运行费用较高，适合干旱缺水、经济条件较差的地区使用。

根据控制系统运行的方式，可分为手动控制、半自动控制和全自动控制3类。

（1）手动控制。系统的所有操作均由人工完成，如水泵、阀门的开启、关闭，灌溉时间的长短，何时灌溉等。这类系统的优点是成本较低，控制部分技术含量不高，便于使用和维护，很适合在我国广大农村地区推广；不足之处是使用的方便性较差，不适合控制大面积的灌溉。

（2）全自动控制。系统不需要人直接参与，通过预先编制的控制程序和根据反映作物需水情况的某些参数，可以长时间自动启闭水泵和自动按一定的轮灌顺序进行灌溉，人的作用只是调整控制程序和检修控制设备。该系统中，除灌水器、管道、管件及水泵、电机外，还包括中央控制器、自动阀、传感器（土壤水分传感器、温度传感器、压力传感器、水位传感器和雨量传感器等）、智能气象站、智能灌溉控制器及电线等。

（3）半自动控制。系统中在灌溉区域没有安装传感器，灌水时间、灌水量和灌溉周期等均是由预先编制的程序控制，而不是根据作物和土壤水分及气象资料的反馈信息来控制的。这类系统的自动化程度不等，有的一部分实行自动控制，有的是几部分实行自动控制。

39. 什么是自压滴灌技术？

自压滴灌是滴灌技术的一种，是一种新型的自流灌溉技术。压力补偿自压滴灌是利用水源自然落差实现滴灌的一种灌溉技术，具有水源供给适应性强（通过水窖、水池等供水）、不用电和安装方便的特点，从而达到节能、节水、节肥、提高品质、增加产量、降低成本与生态环保的效果。压力补偿自压滴灌技术的特点是不需要额外动力，充分利用水源自然的重力落差，通过水压恒定器实现自动恒压调节灌溉，使山地不同高度的每棵作物都能获得均匀的供水量，该技术对水源没有特殊要求，通过水窖、水塘、沟渠、山泉等均可供水，从而达到节水、节肥、提高品质、增加产量、降低成本的效果。由于成本及运行费用低廉，安装、操作和维修方便，特别适合家庭和小面积种植户安装使用，是目前农业增效、农民增收，发展高效农业，建设社会主义新农村的实用水利技术。

40. 什么是滴灌自动化控制？

自动化控制是相对于人工控制而言的，自动化控制是指在没有人直接参与的情况下，利用外加的设备或装置，使机器、设备或生产过程的某个工作状态或参数自动地按照预定的程序运行。滴灌自动化控制是指将自动化控制与滴灌系统有机地结合起来，使得滴灌系统在无人干预的情况下通过控制器按照既定的程序或者指令自动进行灌溉。自动控制滴灌系统不需要人的控制，通过在线监测设备，能自动感测到什么时候需要灌溉、灌溉多长时间，系统可以自动开启灌溉，也可以自动关闭灌溉系统；可以根据植物、土壤种类、光照数量来优化用水量，还可以在雨后监控土壤的湿度，可以实现在土壤太干时增大灌量、太湿时减小灌量。滴灌自动化系统是由水源、首部控制装置、量测仪表、输配水管网、中央监控计算机、田间控制站、电磁阀、控制电缆及相关的软件系统组成的一套田间自动化灌溉系统。系统在灌溉区域安装有传感器，操作人员在系统首部控制田间给水栓电磁阀的开启和关闭，不需要进入田间。对于大面积的自动控制系统，由于距离较远，控制中心和执行机构之间如何更可靠和更经济地实现通信成了主要问题。在自动控制系统中，从控制中心到执行机构的通信，在灌溉领域目前存在着 3 种自动控制通信方式：第 1 种为有线（传输电信号）传输；第 2 种为有线（传输电力信号）传输；第 3 种为无线（传输无线电信号）传输。由于滴灌自动化的实施是一个较为复杂的过程，目前新疆生产建设兵团棉田滴灌自动化系统的实施情况大体上可归纳为以下 3 种：①首部设备的自动控制，包括水泵自动化开启及自动反冲洗。②田间管网阀门的自动控制。③田间水分等信息的自动采集与智能决策。

41. 灌溉自动化控制有哪些特点?

（1）提高水资源的利用效率。传统滴灌缺乏自动系统的精确控制，导致大量的水资源被浪费，通过自动化的滴灌，可以根据农田的基本情况，判断是否处于真实的缺水状态，进而为农田提供精确的灌溉。例如，利用滴灌自动化中的在线监测仪器，可以监测农田土壤的实际水分情况，与传统滴灌相比，具备较强的科学性，能有效反映农田的实际需水情况，最主要的是避免管理者根据自身经验判断农田土壤墒情，在很大程度上节约了水资源。

智能化水肥一体化控制

（2）大量降低农田作业强度。滴灌自动化取代了传统大规模的灌溉系统，有效降低了滴灌的工作强度，管理者通过计算机操作系统，对农田的滴灌实行有针对性的操作，减少田间操作，可减轻田间劳动的负担。

（3）有效提升农田化肥的效率。通过滴灌自动化，能够将化肥融化在水流中，通过灌溉均匀地流入土壤，借助相关的仪器，检测化肥在土壤中的融合性以及作物的吸收程度。

（4）为农田作物提供优质的生长环境。在滴灌自动化的支持下，管理者不需要到田间工作，可在控制室内实现对各类仪器的操作，保障农田作物的生长环境，由此可以将农田建设成相对密闭的环境：①可以减少人为因素对农田造成外力破坏。②可以避免病虫害的传播，实时做好隔离措施。

需注意：灌溉自动化的实施需要使用者具有一定的文化素质，同时对自动化设备的管理与维护也必须跟进，所以灌溉自动化的实施应逐步推进，不能盲目推行。

42. 常用自动化灌溉有哪几个大类？

目前常用的自动控制系统可分为时序控制灌溉系统、ET 智能灌溉系统、中央计算机控制灌溉系统 3 大类。

（1）时序控制灌溉系统。时序控制灌溉系统将灌水开始时间、灌水延续时间和灌水周期作为控制参量，实现整个系统的自动灌水。其基本组成包括：控制器、电磁阀，还可选配土壤水分传感器、降雨传感器及霜冻传感器等设备。其中控制器是系统的核心，灌溉管理人员可根据需要，将灌水开始时间、灌水延续时间、灌水周期等设置到控制器的程序中，控制器通过电缆向电磁阀发出信号，从而开启或关闭灌溉系统。控制器的种类很多，可分为机电式、混合电路式、交流电源式和直流电池操作式等；其容量有大有小，最小的控制器只控制单个电磁阀，而最大的控制器可控制上百个电磁阀。电磁阀一般为交流 24 伏隔膜阀，通过电缆与控制器相连。电磁阀启闭时有一定的延迟，这一特性可有效防止管网中的水锤现象，保护系统的安全。目前国内的自动控制灌溉系统基本上均为时序控制灌溉系统。

（2）ET 智能灌溉系统。将与植物需水量相关的气象参量（温度、相对湿度、降水量、辐射、风速等）通过单向传输的方式，自动将气象信息转化成数字信息传递给时序控制器。使用时只要将每个站点的信息（坡度、作物种类、土壤类型、喷头种类等）设定完毕，无须对控制器设定开启、运行、关闭时间，整个系统将根据当地的气象条件、土壤特性、作物类别等不同情况，实现自动化精确灌溉。

（3）中央计算机控制灌溉系统。将与植物需水相关的气象参量（温度、相对湿度、降水量、辐射、风速等）通过自动电子气象站反馈到中央计算机，计算机会自动决策当天所需灌水量，并通知相关的执行设备，开启或关闭某个子灌溉系统。在中央计算机控制灌溉系统中，上述时序控制灌溉系统可作为子系统。

43. 自动化灌溉有哪些工作流程?

自动化灌溉系统的工作流程：①信息采集。田间气象站、土壤墒情监测站将数据及作物长势无线视频监控数据发送给无线灌溉控制器（即无线网关，是云平台和监控管理中心收发所有管理信息的中转站）后，网关进行信息整合，再发布给云平台和监控管理中心。②信息处理。登陆云平台后我们可以对采集的各项数据信息进行处理、分析。③信息发布。若分析结果为田间作物补充灌溉，我们就可以通过控制平台下发开井、开阀命令到无线网关，井及阀门执行命令完毕，会通过网关将完成命令及工作状态发到平台上（用来监测操作是否成功）。④信息反馈。在灌溉过程中，土壤墒情监测站及田间气象站通过网关将数据实时传输在云平台上，当平台数据值达到预期，我们就可以通过云平台下达调整轮灌组或者停止灌溉指令（图3）。

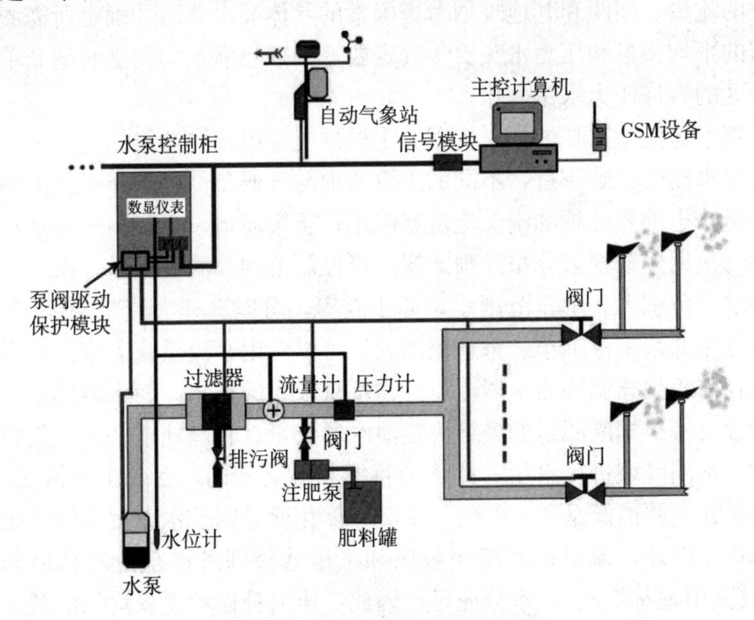

图3 自动化灌溉控制流程图

44. 如何科学合理选择灌水器流量?

在众多滴灌设计参数中，滴头流量无疑是滴灌系统设计中重要的因素，它不仅直接决定着滴灌系统的经济效益，而且对水肥一体化系统中养分分布特征和作物的灌水效果也有直接的影响。

一个滴灌系统的好坏，取决于滴头性能的优劣，滴头流量根据土壤质地、作物生长需要的土壤湿润比、作物的需水量及作物种植模式合理选用。目前新疆大田滴灌系统常用的为薄壁边缝型单翼迷宫式滴灌带，大滴头流量为 2.50 升/时以上，常见滴头流量有 2.60 升/时、2.80 升/时、3.00 升/时、3.20 升/时、4.00 升/时、6.00 升/时、8.00 升/时、10.00 升/时；中滴头流量为 2.00～2.50 升/时，常见滴头流量有 2.10 升/时、2.40 升/时；小滴头流量为 2.00 升/时以下，常见滴头流量有 1.80 升/时、1.38 升/时等。

灌水器设计（滴头选择）大致分为 4 个步骤：①根据地形与土壤条件大致挑选能满足湿润区所需灌水器的大致类型。②挑选能满足所需要的流量、间距和其他规划考虑因素的具体灌水器。③确定所需灌水器的平均流量和压力水头。④确定要达到理想灌水均匀度时灌溉单元小区的容许压力水头变化。

灌水器流量选择的核心依据：①根据土壤质地挑选能满足湿润区所需灌水器的大致流量。不同的土壤质地与气候条件应选择不同的滴头流量；土壤质地越细滴头流量就越小；土壤质地越粗，滴头流量越大。②根据作物根系分布区确定湿润锋控制范围和滴头流量。根系分布的水平范围大、垂直范围小，如小麦等，可以选择大流量滴灌带；根系分布的水平范围小、垂直范围大，可以考虑小流量滴灌带。③根据作物需水规律调整灌水器流量。需水量较大的作物，灌水器流量适当增大。④根据灌溉目的最终确定灌水器流量。我国地域广大，气候多样，不同区域进行水肥一体化的目标和意义不同，西北干旱区域，尤其是在新疆灌溉是第一位的，水肥一体化就是因节水而发展的水肥一体化，因此，流量选择按照根区和土壤选择即可；东南的林果园（尤其是山地林果园），水分充足，因此，压力补偿和灌溉均匀度就是选择的核心；东北的灌溉属于以施肥为核心的补充灌溉，这个就要结合出苗水的湿润锋分布特征和生育中后期的灌溉施肥目的进行流量的选择，建议压力补偿，以中小流量为主。

新疆节水滴灌种植玉米、打瓜等作物。玉米的种植模式为宽窄行 1 管 2 行种植，窄行 30 厘米、宽行 90 厘米，滴灌带间距为 120 厘米，滴灌带铺设在两窄行作物之间，同时灌溉 2 行作物，湿润宽度在 70 厘米左右，建议选用滴头流量适中的滴灌带。新疆机采棉 1 膜3 管6 行种植，窄行 10 厘米、宽行 66 厘米，滴灌带铺设在窄行 10 厘米中间，湿润宽度在 50 厘米左右，建议选用流量小的滴灌带。新疆部分地区棉花宽窄行 1 管 4 行种植，种植模式为 20 厘米＋40 厘米＋20 厘米＋60 厘米，滴灌带铺设在 40 厘米中间，同时灌溉 4 行棉花，间距为 140 厘米，建议选用滴头流量大的滴灌带。小麦、苜蓿、旱作水稻等作物等行距 1 管 4 行播种，种植模式为 15 厘米＋15 厘米＋15 厘米＋15 厘米，滴灌带铺设在 4 行作物中间，间距为 60 厘米，建议选用流量大的滴灌带。

45. 滴灌系统的成本由哪些部分构成?

滴灌系统的成本主要由设计费、设备材料费、安装费等 3 部分组成。总体上来看，面积越小、行距越小、地形越复杂成本越高，以 100 亩的平原果园为例，设计寿命为 8 年的系统成本每亩为 800～1 200 元。由于不同果园的具体情况不同，所采用的设计方案也不一样，成本自然会有差异。具体报价取决于果园的地形条件、高差、种植密度、土壤条件、水源条件、交通状况、施肥要求、系统自动化程度等因素。对于设计使用寿命为 8～10 年的平原果园报价一般在1 200～1 800元，山地果园报价一般在 2 000～2 800 元。以高标准建设的滴灌系统每亩成本为 2 300 元左右，设计寿命为 10 年，折合每年每亩成本为 230 元。安装滴灌后，一方面可以节省肥料开支，按照省肥 30％计算，每年每亩可节约开支 30～50 元；另一方面可以提高产量和品质，从而增加收入，以增收 10％计算，每年每亩可增收120～800 元，这还没有考虑节工和保障丰产等隐性的价值。可见，果树安装滴灌是十分划算的，我们不能因为滴灌一次性的投资大，不考虑综合成本与效益而主观认为不经济。

滴灌向日葵应用

46. 滴灌中等行栽培与不等行栽培的区别有哪些？

前面已经讨论过，现代农业中我们应该是浇作物，而不再是浇地。根系是灌溉和施肥的核心，播种方式改变的不仅仅是地上部的株行距配置模式和群体光合特征，也改变了根系在土壤中的分布特征。采用不等行栽培替代传统的等行栽培，使作物获得养分和水分的重要营养器官——根系分布在滴头周围，使得作物的根区、灌溉的水区、养分分布区基本重合，有效解决了作物生长过程中根区水肥协调的问题。另外，宽窄行栽培模式和田间毛管合理配置能够有效地减小实际灌溉面积，缩短了水肥运移距离，提高了水肥利用率与作物产量。整体上讲滴灌中等行播种和不等行播种有 3 点区别：①不等行栽培小于等行栽培灌溉面积，让更多的水肥资源集中在根系附近，提升了利用率。②不等行栽培土壤中原有养分利用相对较少，应当注意中、微量元素的补充，尤其是难以移动的中微量元素的补充。③对于盐碱化较重的土壤，不等行栽培在生长季提供了一个盐分存储的空间，为淡盐区构建提供可能（图 4）。

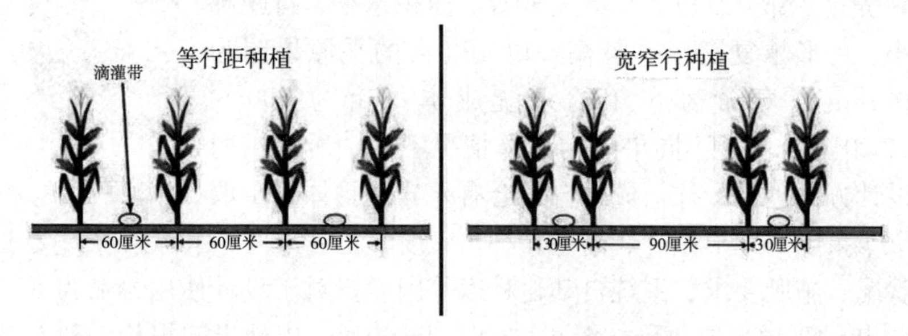

图 4　不同种植模式滴灌带布置示意图

47. 什么是涌泉灌溉？

涌泉灌溉又称涌灌，是通过安装在毛管上的涌水器（如全圆散射涌泉头、小管灌水器等）形成小股水流，以涌泉的方式局部湿润土壤的一种灌水方式，又称小管出流灌溉。涌泉灌溉的流量比滴灌和微喷灌大，一般超过土壤的渗吸速度。为防止产生地面径流，在涌泉器附近挖一小水坑暂时储水，涌泉灌可以避免灌水器堵塞，适用于水源较丰富地区果园和植树造林的灌溉。其工作原理是：小管出流灌溉是利用直径为 4 毫米的小塑料管与毛管连接作为灌水器，以细流（射流）状局部湿润作物附近土壤，小管灌水器的流量为 40～250 升/时。对于高大果树通常再围绕树干修一渗水小沟，以分散水流，均匀湿润果树周围土壤。涌泉灌田间灌水系统包括干管、支管、毛管、小管灌水器及渗水沟。

48. 什么是潮汐灌溉?

潮汐灌溉系统是基于潮水涨落原理而设计的一种灌溉系统，是针对盆栽植物的营养液栽培和容器育苗所设计的底部给水的灌溉方式，可有效提高水资源和营养液的利用效率。潮汐灌溉主要分为两类：地面式和植床式。地面式潮汐灌溉系统是在地表砌一个可蓄水的苗盘装水池，在其中设置若干出水孔和回水孔；植床式潮汐灌溉系统则是在苗床上搭建一层大面积的蓄水苗盘，在苗盘上预留出水和回水孔。在应用时，灌溉水或配比好的营养液由出水孔流出，使整个苗床中的水位缓慢上升并达到合适的液位高度（称为涨潮），将栽培床淹没 2～3 厘米的深度；保持一定时间（作物根系充分吸收），营养液因毛细作用而上升至盆中介质的表面，此时，打开回水口，将营养液排出，退回营养液池（称为落潮），待另一栽培床需水时再将营养液送出。潮汐灌溉系统具有调整营养液 pH 和各种养分浓度的设备，为避免营养液过度污浊增加了介质的过滤系统和消毒系统。植床潮汐灌溉系统需要使用架高的特制栽培床，所以相对应的设备费用也较高。

潮汐灌溉是一项成熟的农业灌溉技术，在发达国家得到了广泛的应用，很好地解决了灌溉与供氧的矛盾，且灌溉基本不破坏基质的三相构成，是一项高效高能的农业技术，在我国也正处于广泛利用的发展阶段。潮汐灌溉系统具有以下特点：①节水高效，完全封闭的系统循环，可以达到 90%的利用率。②植物生长速度更快，每周苗龄可比传统育苗方式提前 1 天，提高设施利用率。③避免植物叶面产生水膜，促使蒸腾拉力从根部吸收更多的营养元素，使叶片接受更多的光照进行光合作用。④稳定根部介质的水气含量，避免毛细根靠近容器边部及底部干旱而死。⑤相对湿度容易控制，保持叶面干燥，减少化学药物的使用量。⑥植床下非常干燥，减少了菌类的滋生，植床下无杂草生长（图5）。

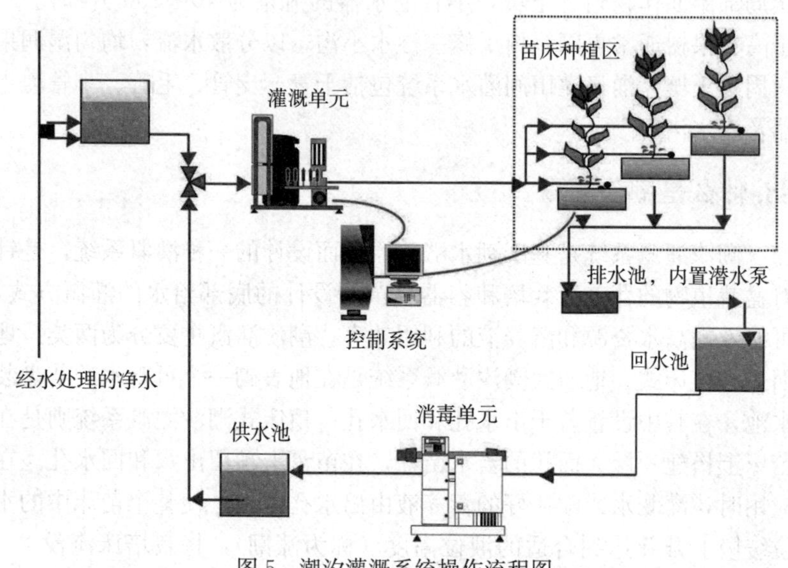

图5　潮汐灌溉系统操作流程图

49. 什么是膜上灌？

用地膜覆盖田间的垄沟底部，引入的灌溉水从地膜上面流过，并通过膜上小孔渗入作物根部附近的土壤进行灌溉，这种方法称作膜上灌。由于放苗孔和专设灌水孔只占田间灌溉面积的1%～5%，其他面积主要依靠旁侧渗水湿润，因而膜上灌实际上也是一种局部灌溉。采用膜上灌，深层渗漏和蒸发损失少，节水效果显著，在地膜栽培的基础上不需再增加材料费用，并能起到对土壤增温和保墒的作用。膜上灌的形式很多，但基本形式有以下几种：平铺打埂膜上灌、开沟扶埂膜上灌、沟内膜上灌、膜缝灌、平铺压边小块田内膜上灌扶埂膜上灌，由于各种膜上灌形式上的差异，其节水效益亦有很大差别。该灌水方式适用于种植棉花、玉米、豆类、瓜类以及粮棉套种（小麦＋棉花）、粮油套种（小麦＋花生）等。

50. 什么是膜下灌?

在干旱地区可将滴灌管（带）放在膜下，或利用毛管通过膜上小孔进行灌溉，这称作膜下灌。这种灌溉方式既具有滴灌的优点，又具有地膜覆盖的优点，节水增产效果更好。膜下滴灌是将滴灌技术与覆膜种植相结合的一种高效节水灌溉方法，是最典型的节水灌溉方式。滴灌带铺设在地膜下，通过滴灌枢纽系统将水、肥、农药等按作物不同生育期的需要量加以混合，借助管道系统使之以水滴状均匀、定时、定量浸润作物根系发育区域。具有高效节水、抑盐、增温保墒、节省农药等特点，能有效改善土壤水、热、气、肥条件。

51. 什么是渗灌?

把毛管或者滴灌管埋入地下作物根系活动层内，水或水肥混合液通过地埋毛管上的灌水器缓慢流出，渗到作物根区土壤中，再借助毛细管作用或重力作用将水分扩散到根层供作物吸收利用的一种灌水方法，俗称“渗灌”，亦称“地下灌溉”或“管道施肥灌溉”。

渗灌能充分满足作物在生长过程中不同时期必需的水和肥，能将水、肥准确适量地直接送到作物根系周围，达到节水、节肥、增产和减少病虫害等目的，果树、棉花、粮食作物等均可采用渗灌。渗灌包括地下滴灌和地下微孔管渗灌。图 6 为渗灌管网布置示意图。

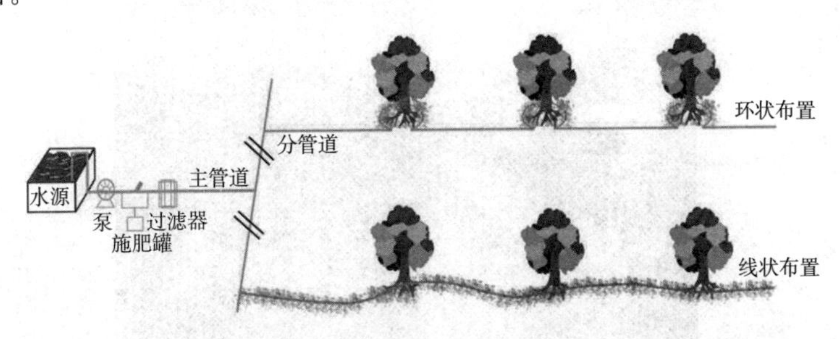

图 6　渗灌管网布置示意图

52. 什么是坐水种?

坐水种是指干旱缺水地区，在播种的同时进行局部灌溉的一种方法。坐水种是一种耕作栽培模式，又称抗旱点种。在埯（播种的土坑）中先注水后播种，使作物种子恰好处在灌溉水湿润过的土上，然后覆土，这种栽培模式称为坐水种。这种方法投资少、简单易行，是有效的节水增产方式。坐水种曾在黑龙江、吉林等地广为采用。坐水种操作虽简单，但要注意：首先要掌握好灌水量、要灌透、灌匀；其次要先灌水，后下种和施肥，注意将种子和肥料放在湿土上；最后要及时覆土，防止水分蒸发，以免影响坐水效果。

53. 什么是渠灌沟排技术?

渠灌沟排是指利用渠系从灌区外向灌区内引入大量的水进行灌溉，然后利用排水沟将农田多余的水排泄至排水容泄区，这种通过渠系引水灌溉和排水沟排水的方法统称为渠灌沟排技术。渠灌沟排包括渠灌和沟排两部分：①渠灌是指利用灌溉渠道将灌区外的水引入灌区内进行灌溉的过程，灌溉渠道是连接灌溉水源和灌溉土地的水道，把从水源引取的水输送和分配到灌区的各个部分。在一个灌区范围内，按控制面积的大小把灌溉渠道分为干渠、支渠、斗渠、农渠、毛渠等5级。灌溉渠道可分为明渠和暗渠两类：明渠修建在地面上，具有自由水面（图7）；暗渠为四周封闭的地下水道，可以是有压水流或无

图7　农田明沟排水渠

压水流。②沟排也称水平排水，通过排水沟将地表水或者地下水排至排水容泄区，对维持灌溉地区的水盐平衡起重要作用。排水系统是将多余的水通过各级排水沟道排出田间的农田水利设施。排水沟道一般应同灌溉渠系配套，也可分为干、支、斗、农、毛等5级，或分为总干沟、分干沟、分支沟等，主要作用是排除因降雨过多而形成的地面径流，或排除农田积水和表层土壤的多余水分，以降低地下水位，排除含盐地下水及灌区退水。

54. 什么是暗管排盐？

暗管排水排盐技术是根据“盐随水来，盐随水去”的水盐运移规律，在田间一定深度埋设渗水暗管，上层下渗的水分或下层上升的水分进入暗管通过自流或强排的方式排出田间，从而带走盐分改良盐碱地的一项技术。暗管排水排盐技术一方面利用自然降水或者引水灌溉对土壤中的盐分进行淋洗，土壤中的盐分溶于水中并随水下移，最终渗入暗管随水排出土体从而起到淋盐洗盐、降低土壤含盐量的作用；另一方面通过暗管排水降低地下水位，从而抑制高矿化度地下水因毛管作用上升而造成的土壤返盐，减轻土壤次生盐渍化，达到盐碱地治理的目的。图8为暗管排盐田间水盐运移示意图。

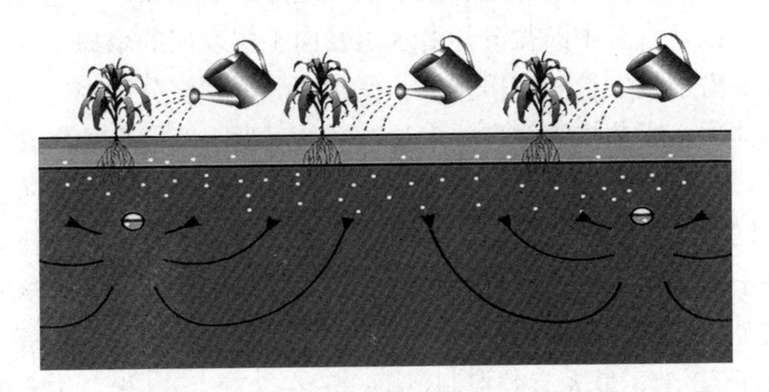

图8　暗管排盐田间水盐运移示意图

目前国内外将暗管排盐技术作为治理土壤盐渍化和防止土壤次生盐渍化的一项重要举措，实施暗管排盐工程应综合考虑水文地质、土壤理化性质、植被类型、气象条件等因素，其核心是如何将排水暗管按照一定的管径、间距、坡降精确地铺设到地表以下。因地制宜，就地取材是我国暗管排水管材选择的最初原则，如浆砌石管、瓦管、水泥沙管、竹管、沙质滤水管、稻壳，目前主要采用的是聚氯乙烯波纹管（PVC波纹管）。图9为暗管排盐安装现场图。

图9　暗管排盐安装现场图

55. 什么是竖井排灌？

竖井排灌是继水平明沟排水（盐）之后，于20世纪70—80年代伴随着地下水的大量开发，在西北干旱地区发展起来的一种集灌溉与排水排盐于一体的水利措施。通过抽取地下水灌溉农田，进而不断降低地下水位，直至中断盐分经潜水蒸发向土壤表层的聚积。这种方法既减少了潜水蒸发量和农田排水，使水资源得到充分利用，又改良了土壤盐渍化。竖井排灌改良技术是指在盐碱地上开凿至承压含水层中的竖井，通过抽取地下水灌溉农田，控制和降低地下水位，防止土壤返盐，同时腾出地下“库容”，配合降雨及灌溉入渗淡水的补给，逐渐淋洗土壤盐分，建立潜水淡化水层，削弱地表积盐强度，从而提高改良效果的技术。竖井深度一般较大，都穿过潜水含水层底板，一般深度大于50米，最大有效控制范围一般在300～500米，主要抽取承压水。由于开采量大，开采期承压水水头均低于潜水位，潜水向承压水反越流补给，盐分随水由上而下运移。受承压水含水层顶板的阻隔及溶滤作用的影响，盐分在承压水含水层顶板（潜水含水层底板）处聚积。

竖井排灌措施是改良盐碱地的一条有效途径，在土壤盐渍化日趋严重，明渠排水、灌渠防渗、定额灌溉改良措施作用不明显的情况下，竖井排灌在解决生态环境问题的过程中将会发挥越来越大的作用。

56. 什么是农业节水？

农业节水是指为提高农业用水效率在农业种植、管理等方面采取的节约用水措施。农业节水应与农业产业结构调整、农村地区小城镇建设以及生态建设相协调，依据水资源条件，按不同水平、年份、地区实行用水的总量控制。节水重点是灌区的节水改造，按节水目标规划发展，同时加强节水目标规划的管理和协调，使水土条件较好的局部地区农业用水有所增加，但全国总用水量应争取基本不增长。农业节水包括3个方面的内容：①农学范畴的节水，如调整农业结构、农作物结构，改进农作物布局，改善耕作制度，改进耕作技术，培育耐旱品种等。②农业管理范畴的节水，包括管理措施、体制与机构、水价与水费政策、配水的控制与调节、节水措施的推广与应用等。③灌溉范畴的节水，包括灌溉工程的节水措施和节水灌溉技术，如喷灌、滴灌、水稻旱育稀植与抛秧、地膜覆盖、秸秆还田、深耕松土、中耕除草、镇压、耙耢、增施有机肥、施用化学保水制剂、引进和优选抗旱品种和调整作物种植结构等都属于农业节水技术。

57. 盐碱地应该如何灌溉？

灌溉制度是为了保证作物适时播种（或栽秧）和正常生长，通过灌溉向田间补充水量的灌溉方案。盐碱地灌溉制度的制定首先需要安排的就是冲洗淋盐，将土壤中的盐分淋洗出去或压到土壤底层，以满足作物生长的需要。在有条件的地区采用种稻洗盐的方式，在不具备条件的地区则采用伏泡、冬春灌等方式洗盐，而洗盐的效果又与洗盐的时期、定额和技术等有关。

目前在新疆北疆地区由于水资源紧张，一般几年进行一次冬灌或春灌，南疆地区一般是每年进行1～2次冬灌和春灌。洗盐定额是将1米土层中过多的盐分淋洗到允许的含量。洗盐定额又取决于土壤原始含盐量、土壤质地和季节性蒸发强度。初次开垦的盐碱地每亩洗盐水量一般在400～1 000米^3，但不能一次都灌进去，须分次灌入，北疆地区以3～5次为宜，南疆地区以6～8次为宜，每次的灌水量为90～150米^3。对于连续耕作的盐碱地，一般每年至少进行一次冬春灌，每次灌水量为90～150米^3。

上面介绍了盐碱地灌溉中的一般做法，目前新疆已经大面积应用滴灌技术。当气候、土壤、水质条件确定时，影响土壤中盐分分布的主要因素是灌水量和滴头位置。因此，通常情况下地表滴灌可通过调整滴头间距和灌水量，有效地控制作物根区的盐分聚积；也可以采用高频灌水方法，频繁而少量地灌水不仅能及时补充作物蒸腾损失的水量，还可使作物生长区土壤中的盐分保持在低浓度状态。而进行地下滴灌务必慎重，对其可能的积盐情况要有正确的评估。实践证明，用滴灌装置频繁灌水时，滴头下形成的淡化带深度，一年生作物可达30～40厘米，多年生作物（如葡萄等），可达80～100厘米。由于滴灌条件下大田土壤盐分分布是不均匀的，在有天然降水能使土壤盐分充分淋洗的地区，如新疆北疆大部分地区，滴灌情况下作物行间的盐分积累对农业生产的影响较小。但降水量很小的干旱区，特别是盐渍土地区，例如新疆南疆、东疆地区，天然降雨或春季融雪水不能将盐分淋洗到根层以下，针对不同作物和情况应该采取以下措施：①对于一年生行播作物，如棉花、瓜菜等，每年利用水源充足的季节，彻底洗盐一次，或播前采用地面灌压碱洗盐后播种布设滴灌系统；也可在播种后利用滴灌系统（地表滴灌），采用加大灌水量的办法进行淋洗。②对于多年生作物，如葡萄、啤酒花、果树等，可每隔几年淋洗一次。除有条件采用淹灌洗盐方法外，可利用滴灌系统（地表滴灌），采用加大灌水量的办法实现。③盐分积累的主要区域是湿润锋的位置。一场小雨能够将这些积盐淋洗到根系活动层对作物造成严重伤害，为了将盐分淋洗到根区以外，降雨时应开启滴灌系统进行灌水，使可能的盐害降到最小。④对于特殊地区、特殊作物，如库尔勒市荒山绿化，土壤中盐分虽然多，由于林带行距较宽，降水又很少，进行地表滴灌并加大灌量，将盐分积聚在两行树的中间和根系层以下，不再采用其他措施也是可行的。

58. 干播湿出棉田出苗水应该滴多少？

干播湿出，即耕地在没有水可用来春灌的情况下，先整地后铺设地膜、滴灌带和播种，在有水的情况下用滴灌的方式少量滴水，使膜下土壤墒情达到满足作物出苗要求的播种技术。“干”“播”“湿”“出”，这4个字中有两个直接反映的就是水的状况和过程，另外两个与土壤水分状况直接相关。

播种以前土壤的湿度称为底墒。传统栽培模式下我们讲究的是保墒播种；而滴灌水肥一体化条件下正好相反，作物发芽的水分来源是滴灌的出苗水，而不是原有的土壤水分。如果土壤墒情太好，整地、播种都不利，而且如果墒情不均匀就容易造成大小苗的情况。棉田出苗水应该如何滴灌，建议考虑以下3点：①如果前期降雪量较大，可以适当少滴。②如果播后天气预报有降雨，可以适当少滴。③如果播后气温偏高建议多滴，气温较低建议少滴。但是如果害怕后期天气预报不准确，可以根据前期降雪量和播种时的土壤湿度情况，初步考虑滴水量，建议以湿润峰超过种子行2～3厘米为宜，切勿过量灌溉；如果墒情不是特别好，可以考虑全部出苗后适量补充灌溉（图10）。

图10　滴灌玉米出苗水滴水示意图

59. 出苗水管理与盐碱地改良如何进行？

不同作物在苗期的耐盐碱能力有很大的差别，资料显示常见作物苗期耐盐碱能力由强到弱排序为草木樨、红花、油菜、甜菜、春小麦、棉花、冬小麦、高粱、玉米、水稻、大豆、马铃薯。盐碱地种植将土壤盐分压到一定深度，运用土壤盐分的运移规律，采取合理灌溉和耕作措施，防盐保苗。在盐渍土地区，同样的气温条件下，春季盐渍土的地温要比非盐碱地升得慢，出苗困难，故在春季盐渍土地区要比非盐渍土地区晚播种，而秋季刚好相反。

（1）作物的出苗水管理。以新疆的冬、春小麦为例，根据盐分运移的规律，一般采取以下几个步骤：伏耕深灌（8月中旬到9月中旬冬小麦播种前压盐），冬灌压盐（10月中旬到11月上旬冬灌压盐），春耙防盐，春灌压盐（春季土壤返盐是一种普遍现象，必须适时春灌淋盐，一般在4月底到5月上旬灌完第一水，灌水量以每亩60～80米^{3}为宜，浇水时要掌握轻质土早浇，重质土晚浇，地下水位高的晚浇，地下水位低的早浇）和生育期灌溉压盐几个阶段。

（2）种稻改良盐碱地的苗期水管理。种稻改良盐碱地是我国一种边改良边利用的传统方式。在育秧期要求通过灌溉，调节土壤温度，满足秧苗需水，防止早春低温冷害，降低盐碱度，防止秧苗受盐害。尽量选择盐度低的地块做苗床，要求土壤含盐量小于2克/千克，结合做苗床灌溉洗盐灌水浸泡6小时后将水排净。然后设置隔离层，铺放腐殖土，上水整平后播种，覆盖已过筛的营养土0.5厘米。出芽前保持土壤湿润、通透性好，含水量保持在田间持水量的80%～90%，一般壤土的量应控制在20%左右。

（3）农田出苗水管理。干播湿出是现阶段水肥一体化条件下农田的常见管理措施，出苗水的管理至关重要。以滴灌棉花“1膜3管6行模式种植，10厘米+66厘米宽窄行种植，76厘米一根滴灌带”的栽培模式来分析，“滴灌出苗水，以超过种子行2～3厘米为宜”，即出苗水只需要灌溉20%左右的面积；一般棉花超过播种行2～3厘米，出苗水灌溉深度为5～10厘米，相对于25厘米（甚至35厘米）的耕层来讲，我们也只需要灌溉25%的深度。综合宽度和深度分析，出苗水灌溉的面积是实际土壤体积的5%左右。因此，盐碱地的出苗水管理应该重点考虑3件事：①灌溉量切勿过大，尽可能地通过灌溉在根区形成一个淡盐区。②结合土壤盐碱类型合理施用改良剂，通过出苗水将改良剂施用到土壤，尤其是根区土壤实现根区改良。③根据土壤墒情或者水势适时补水排盐。

60. 常见的滴灌带堵塞原因及解决方法有哪些？

滴灌带经常会由于物理、化学、生物等原因发生堵塞，影响灌溉水的均匀性和施肥的效率。根据国际标准化组织给出的建议，当灌水器的实际流量低于额定流量的75%时即认为灌水器发生了堵塞。

滴灌带堵塞的原因是什么？

（1）灌溉水原因引起的堵塞。①物理堵塞。灌溉水中含有的有机或无机悬浮物，如生物残体、沙、淤泥和黏粒等引起的堵塞，也包括地下滴灌系统负压吸泥造成的堵塞。②化学堵塞。原本溶解在灌溉水中的可溶性盐类等化学物质发生化学反应、生成不溶性沉淀物质，沉积在灌水器内部流道内，引起灌水器堵塞。特别需要注意的是在北方地区，当水源中同时含有碳酸根和钙镁离子时可能使滴灌水的 pH 增加进而引起碳酸钙、碳酸镁的沉淀，从而使滴头堵塞。③生物堵塞。灌溉水源中的生物，如藻类、浮游动物、细菌黏质等，进入滴灌系统后不断生长繁殖，在滴灌管网系统和灌水器流道内壁附着生长，形成生物膜等堵塞灌水器。

（2）施肥原因引起的堵塞。①肥料中的水不溶物较大引起的堵塞。②肥料与灌溉水发生反应，堵塞滴灌系统。③肥料配合不当发生反应，产生沉淀。④生物肥料的不当施用引发的滴灌系统中微生物滋生，堵塞滴灌带。

如何解决常见堵塞问题？

（1）灌溉水和肥料引起的物理堵塞解决方案。过滤是解决堵塞的核心。滴灌系统过滤器的主要类型有：离心过滤器，砂石过滤器，叠片式过滤器和网式过滤器 4 种，这 4 种过滤器除离心过滤器不能独立应用以外，其他 3 种可独立也可组合搭配成过滤系统。大颗粒可以考虑离心式过滤器，漂浮物可以考虑砂石过滤器、网式过滤器和叠片式过滤器可有效拦截灌溉水中的泥沙颗粒等悬浮杂质，也可以两种或者两种以上过滤器混合使用。

（2）化学反应引起的滴灌系统堵塞解决方案。引起滴灌系统化学堵塞的物质复杂且种类多样，且化学沉淀对水体环境的敏感性导致化学堵塞的机理性研究难度更大。目前，针对化学堵塞的预防措施主要是酸化处理灌溉水、添加生物菌剂、适宜的运行策略等，通过这些措施来缓解灌水器的化学堵塞。

（3）生物堵塞的解决方案。生物堵塞的控制预防措施也主要从控制微生物生长的角度出发。滴灌系统周期性的加氯冲洗等措施是控制滴灌系统生物堵塞常用的方法。加入不同浓度的次氯酸、乙醇或氯气等，对滴灌系统的抗堵塞作用效果不同。当然也要注意滴灌系统的冲洗。

三、施肥的意义和作用

61. 作物生长需要哪些营养元素？

植物根据自身的生长发育特征来决定某种元素是否为其所需，人们将植物体内的元素分为必需元素和非必需元素。按照国际植物营养学会的规定，植物必需元素在生理上应具备3个特征：①对植物生长或生理代谢有直接作用。②缺乏时植物不能正常生长发育。③其生理功能不可用其他元素完全代替。据此，植物必需元素有17种：碳（C）、氢（H）、氧（O）、氮（N）、磷（P）、钾（K）、钙（Ca）、镁（Mg）、硫（S）、铁（Fe）、锰（Mn）、锌（Zn）、铜（Cu）、钼（Mo）、硼（B）、氯（Cl）和镍（Ni），另外4种元素钠（Na）、钴（Co）、钒（V）、硅（Si）不是所有作物都必需的，但对某些作物的生长来说是必需的。这17种必需元素被分为非矿质营养元素和矿质营养元素两大类。①非矿质营养元素，包括碳（C）、氢（H）、氧（O）。这些养分存在于大气二氧化碳（CO_2）和水中，作物通过光合作用可将CO_2和水转化为简单的碳水化合物，进一步生成淀粉、纤维，还可能生成作物生长所必需的其他物质。②矿质营养元素，包括来自土壤的14种营养元素，人们可以通过施肥来调节控制它们的供应量，这是我们以后讨论的重点。根据植物需要量的大小，必需营养元素分为大量元素、中量元素和微量元素，大量元素包括氮（N）、磷（P）、钾（K）；中量元素有硫（S）、钙（Ca）、镁（Mg）；微量元素是硼（B）、铁（Fe）、铜（Cu）、锌（Zn）、锰（Mn）、钼（Mo）、氯（Cl）、镍（Ni）。它们在作物体内同等重要，缺一不可。无论哪种元素缺乏，都会对作物生长造成危害。同样，某种元素过量也会对作物生长造成危害。图11为作物营养吸收示意图。

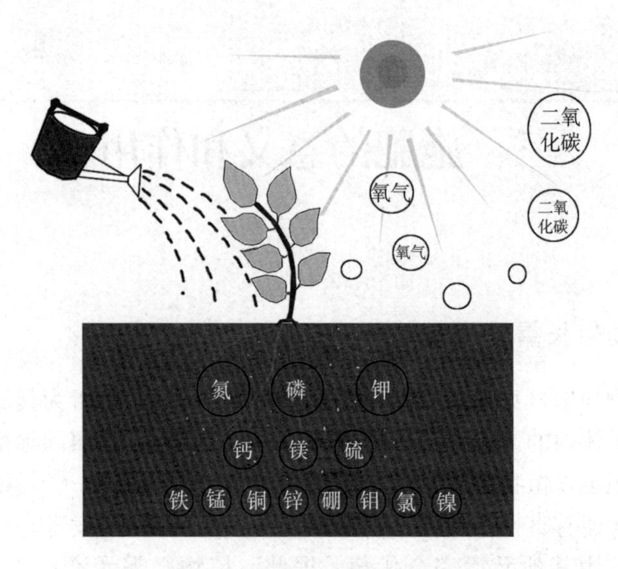

图11 作物营养吸收示意图

62. 什么是大量元素？

按照《中国百科大辞典》的定义，大量元素是植物生活不能缺少且需要量较多的一些元素，如碳、氢、氧、氮、磷、钾、硫、钙、镁等，碳、氢、氧来自水分和空气，其他的来自土壤。

按照《中国农业百科全书》的定义，大量元素是植物需要量较多的必需元素。大量元素在植物体内的含量常在1.0％以上。列入大量元素的有碳、氢、氧、氮、磷、钾、硫、镁、钙、硅。

在植物营养学中，大量元素是指满足植物正常生长发育需要量或含量较大的必需营养元素，一般指碳、氢、氧、氮、磷和钾6种元素。

按照《肥料和土壤调理剂术语》（GB/T 6274—2016）的定义，大量元素是对元素氮、磷、钾的通称，氮、磷、钾也常被人们称为“肥料三要素”或“植物营养三要素”或“氮磷钾三要素”。因此，全书除特殊说明外，大量元素均指氮、磷、钾。

63. 什么是中量元素?

中量元素一般占作物体干重的0.1%～1.0%，通常指钙、镁、硫3种元素；按照《常用肥料使用手册》的定义，钙、镁、硫是植物生长发育所必需的3种营养元素。它们在植物体内的含量低于碳、氢、氧、氮、磷和钾，但高于微量元素，被称为中量元素。

在植物营养学中，中量元素是指作物生长过程中需要量次于氮、磷、钾而高于微量元素的营养元素，通常指钙、镁、硫3种元素。由于土壤和一些肥料的陪伴离子中经常含有大量的钙、镁、硫，所以人们经常忽视这3种元素对作物生长的重要性。

64. 什么是微量元素?

按照《农业大词典》的定义，微量元素是相对于大量元素和中量元素而言的一个概念。从广义来说，它泛指自然界或自然界的各种物体中含量很低的，或者说很分散而不富集的那些元素。就狭义而言，农业上所说的微量元素则是指植物体中含量很少，特别是植物生育期内需要量很少的那些元素。但究竟含量低到什么程度才叫微量元素呢？一般认为含量小于0.01%的所有化学元素，都称为微量元素。高等植物正常生长发育或生活所必需的微量元素（亦称微量营养元素）有硼、锰、铜、锌、钼、铁和氯等。

在植物营养学中，植物体除需要氮、磷、钾等元素作为养分外，还需要吸收极少量的铁、硼、砷、锰、铜、钴、钼等元素作为养分，这些需要量极少的、但是又是生命活动所必需的元素，叫作微量元素。

按照《肥料和土壤调理剂术语》（GB/T 6274—2016）的定义，微量元素是植物生长所必需的、但相对较少的元素，包括硼、锰、铁、锌、铜、钼、钴或氯等。

65. 什么是有益元素?

植物体内所含对植物生长有促进作用但并非植物所必需（或者只是某些植物所必需、并非所有植物所必需）的某些元素，包括钠、硅、钴、钒等。钠是耐盐植物所必需的营养元素，而对大多数高等植物而言，钠积累过多会产生毒害作用，如甜菜根吸收的Na^+很容易被运到地上部，它可在渗透调节等方面代替K^+起作用。当K^+不足时，Na^+可取代大量的K^+，并促进细胞伸长，增大叶面积，使植株能吸收利用更多的光能。硅是稻、麦等禾本科植物所必需的，硅沉积在茎、叶的表皮层内，可增强植株的抗病虫害能力，且使茎秆坚韧、叶片直立，使群体截获更多光能，又能防止倒伏；硅还可阻止锰过多的毒害。钴为豆科植物根瘤菌固氮所必需。钒广泛存在于微生物、动物和植物体中，它和钴一样能增强固氮微生物的固氮能力；在缺钒的土壤中施钒能改善豆科植物的生长状况。

66. 什么是植物生长调节剂？

植物生长调节剂亦称植物生长调节物质，指那些从外部施加给植物，只要极微量就能调节、改变植物生长发育的化学试剂。除了植物激素是存在于植物体内并可以作为生长调节剂外，更多的植物生长调节剂是植物体内并不存在的人工合成的有机物，主要有：①植物激素类似物，例如与生长素有类似生理效能的吲哚丁酸、萘乙酸等，与细胞分裂素有类似生理效能的激素和6-苄腺嘌呤等。②生长延缓剂，有延缓生长的作用，抑制茎的伸长而不完全停止茎端分生组织的细胞分裂和侧芽的生长，其作用能被赤霉素恢复，例如矮壮素（CCC）、丁酰肼（B9）、调节安等。③生长抑制剂，也有延缓生长的效果，但与生长延缓剂不同，它们主要干扰顶端的细胞分裂，使茎伸长停顿和顶端优势被破坏，其作用不能被赤霉素恢复，例如青鲜素（MH）等。④由于除草剂大都是人工合成的生长调节剂，因此，有人把除草剂也作为一大类生长调节剂。

植物生长调节剂，在农业生产上可分别用在促进或抑制植物的营养生长，促进或抑制种子、块根、块茎的发芽，防止或促进器官的脱落，促进生根、坐果和果实发育，控制性分化、诱导和调节开花，催熟或延迟成熟和衰老，以及杀死田间杂草等方面。

按照《中国农业百科全书》的定义，植物生长调节剂，是人工合成的具有生理活性的类似植物激素的化合物，从外部施加少量生长调节剂，可有效地控制植物的生长发育，并且增加农作物的产量；在农学和园艺上已得到广泛的应用。按其生理作用的差异可分为植物生长促进剂、植物生长延缓剂、植物生长抑制剂、乙烯释放剂、脱叶剂和干燥剂几类。

根据《肥料中植物生长调节剂的测定　高效液相色谱法》(GB/T 37500—2019）标准，植物生长调节剂主要指复硝酚钠、2，4-二氯苯氧乙酸（2，4-滴）、脱落酸、萘乙酸、氯吡脲、烯效唑、吲哚-3-乙酸、吲哚丁酸。

67. 什么是百千克籽粒养分需求量?

养分的吸收、同化与转运直接影响着作物的生长和发育，从而影响着产量。了解养分吸收动态变化规律，有助于采取有效措施调控作物生长发育、提高产量。农作物每生产100千克籽粒所吸收的氮、磷、钾等矿质营养元素的数量及比例，即作物每生产一单位经济产量从土壤中所吸收的养分量，常借鉴已有的数据，如《肥料手册》及其他文献。由于作物品种不同，施肥量、耕作栽培条件和环境条件有差异，同一作物所需养分量并不是恒值，且差异颇大。另外，豆科作物的需氮量远高于禾本科作物。

作物种类不同，在其生长发育的过程中，各自需要一定的营养条件，如营养元素的种类、数量、比例等，同一作物的不同发育阶段对营养元素的需要也是有一定规律的。同时，它也受多种因素的影响，因此植株养分测定具有重要意义。植株养分测定的方法包括：化学分析法、生物化学法、酶学方法、物理方法。化学分析法是最常用的、最有效的植株测定方法，按分析技术的不同，又将其分为植株常规分析和组织速测，植株常规分析多采用干样品，组织测定指分析新鲜植物组织汁液或浸出液中活性离子的浓度，前一方法是评价植物营养的主要技术，后者具有简便、快速的特点，适于田间直接应用。生物化学法是测定植株中某种生化物质来表征植株营养状况的方法，如测定水稻叶鞘或叶片中天门氨酸，或用淀粉-碘反应作为氮的营养诊断法。酶学方法：作物体内某些酶的活性与某些营养元素的多少有密切的关系，根据这种酶活性的变化，即可判断某种营养元素的丰缺。物理方法：如叶色诊断，由叶片颜色推断叶绿素含量，进而推断氮含量。主要农作物的百千克籽粒养分需求量见表4。

表4　主要作物百千克产量所吸收氮、磷、钾养分量

单位：千克

作物	氮（N）	磷（P_2O_5）	钾（K_2O）	作物	氮（N）	磷（P_2O_5）	钾（K_2O）
冬小麦	3.00	1.25	2.50	卷心菜	0.41	0.05	0.38
春小麦	3.00	1.00	2.50	胡萝卜	0.31	0.10	0.50
大麦	2.70	0.90	2.20	茄子	0.33	0.10	0.51
荞麦	3.30	1.60	4.30	番茄	0.45	0.15	0.52
玉米	2.68	1.13	2.36	黄瓜	0.40	0.35	0.55
油菜	5.80	2.50	4.30	萝卜	0.60	0.31	0.50
谷子	2.50	1.25	1.75	洋葱	0.27	0.12	0.23
高粱	2.60	1.30	3.00	芹菜	0.16	0.08	0.42
水稻	2.10	1.25	3.13	菠菜	0.36	0.18	0.52
棉花	5.00	1.80	4.00	甘蔗	0.19	0.07	0.30
烟草	4.10	1.00	6.00	大葱	0.30	0.12	0.40
芝麻	8.23	2.07	4.41	苹果	0.30	0.08	0.32
花生	6.80	1.30	3.80	梨	0.47	0.23	0.48
大豆	7.20	1.80	4.00	柿	0.54	0.14	0.59
甘薯	0.35	0.18	0.55	桃	0.45	0.25	0.70
马铃薯	0.50	0.20	1.06	葡萄	0.55	0.32	0.78
甜菜	0.40	0.15	0.60	西瓜	0.25	0.02	0.29

注：块根、茎根为鲜重，籽粒为风干重。

68. 什么是作物养分需求规律？

作物养分需求规律（也称需肥规律）是指农作物不同生育时期对氮、磷、钾等各种营养元素的吸收特征，不同农作物的养分吸收规律不尽相同，且同一作物各生育时期对不同养分元素的吸收量也不相同。通常，大田作物养分需求规律的确定需在充足养分供应条件下，在各时期采集作物植株样品，分析植株体内氮、磷、钾等的含量进行

确定。目前，各种农作物的需肥规律基本上均有数据资料可以查询。

作物养分管理应根据作物需肥规律，考虑农田用水方式对施肥的影响，科学制定施肥方案，满足作物养分需求。

69. 如何确定作物施肥总量?

作物施肥总量的确定需要根据作物的养分需求规律、农田土壤供肥特性与肥料效应等进行综合考虑，才能提出氮、磷、钾和中、微量元素肥料的适宜用量和比例及其相应的施肥技术。目前，确定作物的推荐施肥量的方法归纳起来有 3 大类 6 种：①地力分区法。②目标产量配方法，包括养分平衡法和地力差减法。③田间试验法，包括肥料效应函数法、养分丰缺指标法和氮、磷、钾比例法。这些方法实质上分属两类：注重田间试验生物统计的肥料效应函数法和偏重于土壤测试的测土施肥法，如养分平衡法、土壤养分丰缺指标法等。

地力分区法

利用土壤普查、耕地地力调查和当地田间试验资料，把土壤按肥力高中低分成若干等级，或划出一个肥力均等的田片，作为一个配方区，再应用资料和田间试验成果，结合当地的实践经验，估算这一配方区内，比较适宜的肥料种类及其施用量。这一方法的优点是较为简便，提出的肥料用量和措施接近当地的经验，群众易接受。缺点是局限性较大，每种配方只适用于生产水平差异较小的地区，而且较多依赖一般经验，对具体田块来说针对性不强。在推广过程中必须结合试验示范，逐步扩大科学测试手段和理论指导的比重。

目标产量配方法

根据作物产量的构成，根据土壤本身和施肥两个方面供给养分的原理来计算肥料的用量。先确定目标产量以及为达到这个产量所需要的养分数量，再计算作物除土壤所供给的养分外，需要补充的养分数量，最后确定施用多少肥料。

(1) 养分平衡法。根据作物目标产量需肥量与土壤养分测定值计算土壤供肥量之差，估算作物的施肥量，通过施肥补足土壤供应不足的那部分养分，每亩施肥量可按以下公式计算：

$$施肥量（千克）=\frac{目标产量所需养分总量-土壤供肥量}{肥料中养分含量\times肥料当季利用率}$$

养分平衡法涉及目标产量、作物需肥量、土壤供肥量、肥料利用率和肥料中有效养分含量5个参数，目标产量确定后因土壤供肥量的确定方法不同，形成了地力差减法和土壤有效养分校正系数法两种。

（2）地力差减法。根据作物目标产量与空白（未施肥）田产量之差来计算施肥量的一种方法，作物在不施任何肥料的情况下所得产量即空白（未施肥）田产量，它所吸收的养分全部取自土壤。从目标产量中减去空白（未施肥）田产量，就是施肥所得的产量，每亩施肥量可按以下公式计算：

$$施肥量（千克）=\frac{作物单位产量养分吸收量\times（目标产量-空白田产量）}{肥料中养分含量\times肥料当季利用率}$$

（3）土壤有效养分校正系数法。通过测定土壤有效养分含量来计算每亩施肥量，可按下列公式计算：

$$施肥量（千克）=\frac{\frac{作物单位产量}{养分吸收量}\times\frac{目标}{产量}-\frac{土壤}{测定值}\times0.15\times\frac{校正}{系数}}{肥料养分含量\times肥料当季利用率}$$

田间试验法

通过简单的单一对比，或应用较复杂的正交、回归等试验设计，进行多点田间试验，从而选出最优处理，确定肥料施用量。

（1）肥料效应函数法。采用单因素、二因素或多因素的多水平回归设计进行布点试验，将不同处理得到的产量进行数理统计，求得产量与施肥量之间的肥料效应方程式。根据其函数关系式，可直观地看出不同元素肥料的不同增产效果以及各种肥料配合施用的互作效果，确定施肥上限和下限，计算经济施肥量，作为实际施肥量的依据。这一方法的优点是能客观地反映肥料等因素的单一和综合效果，施肥精确度高，符合实际情况；缺点是地区局限性强，不同土壤、气候、耕作、品种等需布置多点不同试验。

（2）养分丰缺指标法。这是田间试验法中的一种，此法利用土壤养分测定值与作物吸收养分之间存在的相关性，对不同作物进行田间试验，根据在不同土壤养分测定值下所得的产量分类，把土壤的测定值按一定的级差分等，制成养分丰缺及应该施肥量对照检索表。在实际应用中，只要测得土壤养分值，就可以从对照检索表中按级确定肥料施用量。

（3）氮、磷、钾比例法。此法也是田间试验法的一种。原理是通过田间试验，在一定地区的土壤上，取得某一作物不同产量条件下各种养分之间的最佳比例，然后通过对一种养分的定量，按各种养分之间的比例关系，来决定其他养分的肥料用量，如以氮定磷、定钾，以磷定氮，以钾定氮等。

70. 每生产 100 千克棉花需要吸收多少氮、磷、钾?

棉花每形成 100 千克皮棉，约需要吸收氮（N）13.35 千克、磷（P_2O_5）4.65 千克、钾（K_2O）13.35 千克；每 100 千克籽棉需吸收氮（N）5 千克、磷（P_2O_5）1.8 千克、钾（K_2O）4 千克，其吸收比例为 1∶0.36∶0.8。

各个生长发育时期，棉花对氮、磷、钾养分吸收的量不同，而花铃期是吸收养分的高峰期。根据试验测定结果，每亩早熟陆地棉产 350～450 千克的籽棉，棉花花铃期氮肥吸收量占整个生育期氮肥吸收总量的 54%，花铃期磷肥吸收量占整个生育期磷肥吸收总量的 75%，花铃期钾肥吸收量占整个生育期钾肥吸收总量的 76%。滴灌棉花花铃期是施用肥料的关键时期，此期应重视化肥的施用量。

全生育期棉花吸收养分规律如下：棉花苗期吸收氮 5%、有效磷 3%、有效钾 3%；现蕾期到初花期吸收氮 11%、有效磷 7%、有效钾 9%；从初花期到盛花期吸收氮 56%、有效磷 24%、有效钾 36%；盛花期到始絮期吸收氮 23%、有效磷 52%、有效钾 42%；吐絮后吸收氮 15%、有效磷 14%、有效钾 10%。

表 5 为北疆片区滴灌棉花氮、磷、钾肥不同生育期养分吸收比例。

表 5　滴灌棉花氮、磷、钾肥不同生育期养分吸收比例（北疆片区）

生育时期	氮吸收比例（%）	磷吸收比例（%）	钾吸收比例（%）
苗　期	6	3	5
蕾　期	13	10	10

（续）

生育时期	氮吸收比例（%）	磷吸收比例（%）	钾吸收比例（%）
花　期	54	44	36
铃　期	21	31	40
吐絮期	6	12	9

71. 每生产100千克小麦需要吸收多少氮、磷、钾？

一般每生产麦粒100千克，需吸收氮（N）2.6～3.0千克、磷（P_2O_5）1～1.4千克、钾（K_2O）2.0～2.6千克，N：P_2O_5：K_2O平均为2.8：1.2：2.3，即1：0.4：0.8。冬小麦营养生长阶段包括出苗、分蘖、越冬、返青、起身、拔节；生殖生长阶段包括孕穗、抽穗、开花、灌浆、成熟。冬小麦返青以后吸收养分的速度增加，从拔节至抽穗是吸收养分和积累干物质最快的时期。氮素吸收的最高峰是从拔节到孕穗，开花以后，对养分的吸收率逐渐下降。冬小麦是越冬作物，如在苗期根系弱时遇干旱和严寒，土壤供磷和作物吸收能力会大幅下降，影响麦苗返青和分蘖，此时再追施磷肥也很难补救，所以在苗期，即磷素营养临界期施足磷肥尤其重要。春小麦产量偏低，生育期短，仅为100～120天。小麦从出苗期到拔节期，施肥主攻目标是加强根系生长、分蘖和有机质合成；从拔节期到抽穗期，施肥是为了促进茎叶生长、有效分蘖和穗长大；从抽穗期到成熟期，则以增加粒数、粒重和蛋白质含量为主。小麦吸收的氮、磷、钾养分数量和在植株内的分配，受品种、气候、土壤、耕作等条件影响。

亩产500千克的滴灌冬麦，从分蘖期到越冬期吸收氮、磷、钾养分高于返青期，吸收量从拔节期剧增，到孕穗期和开花期达最高峰，以后逐渐降低；冬麦拔节期到开花期氮素吸收量占整个生育期总吸收量的61.83%，磷素吸收量占69.03%，钾素吸收量占72.89%。由此说明，滴灌冬麦要保证苗期营养，更要注重拔节期到开花期化肥的施用。亩产500千克的滴灌春麦，苗期到孕穗期对氮的吸收量已达54.2%，对磷的吸收量已达61.53%，对钾的吸收量已达67.39%。由此说明，滴灌春麦吸肥高峰来得早，需肥时期较集中，生育前中期是施用肥料的关键时期，应重视拔节期到孕穗期以前的随水施用量。

72. 每生产 100 千克玉米需要吸收多少氮、磷、钾？

每生产 100 千克玉米籽粒，春玉米氮、磷、钾的吸收比例约为 1∶0.3∶1.5，吸收氮（N）3.5～4.0 千克、磷（P_2O_5）1.2～1.4 千克、钾（K_2O）5.0～6.0 千克。夏玉米氮、磷、钾的吸收比例约为 1∶（0.4～0.5）∶（1.3～1.5），吸收氮（N）2.5～2.7 千克、磷（P_2O_5）1.1～1.4 千克、钾（K_2O）3.7～4.2 千克。玉米不同生育期对养分的吸收特点不同，春玉米与夏玉米相比，夏玉米对氮、磷的吸收更集中，吸收峰值也出现得早。

一般春玉米苗期（拔节前）吸氮仅占总量的 2.2%，中期（拔节至抽穗开花）占 51.2%，后期（抽穗后）占 46.6%；夏玉米苗期吸氮占总量的 9.7%，中期占 78.4%，后期占 11.9%。春玉米吸磷，苗期占总量的 1.1%，中期占 63.9%，后期占 35.0%；夏玉米苗期吸磷占总量的 10.5%，中期占 80%，后期占 9.5%。春、夏玉米对钾的吸收量均在拔节后迅速增加，且在开花期达到峰值，吸收速率大，容易导致供钾不足，出现缺钾症状。滴灌玉米要注重肥料的早期施用，即保证生育前期的养分供应，同时更要注重生长中期即抽雄期到开花期肥料的随水施用及养分的配合比例（表 6）。玉米对锌敏感，适量的锌可提高产量。

表 6　滴灌玉米不同生育期养分吸收量及比例（亩产 1 100 千克产量水平）

生育时期	氮（N）		磷（P_2O_5）		钾（K_2O）	
	每亩吸收量（千克）	吸收比例（%）	每亩吸收量（千克）	吸收比例（%）	每亩吸收量（千克）	吸收比例（%）
苗　期	0.37	2.32	0.06	1.28	0.43	2.83
拔节期	4.48	28.16	0.90	18.36	3.58	23.47
抽雄期	4.05	25.45	1.31	26.68	4.44	29.12
开花期	3.62	22.78	1.27	25.72	3.38	22.16
吐丝期	2.34	14.73	0.95	19.24	2.23	14.58
成熟期	1.04	6.56	0.43	8.72	1.20	7.84

73. 每生产100千克水稻需要吸收多少氮、磷、钾?

每形成100千克稻谷，需要吸收氮（N）1.6～2.5千克、磷（P_2O_5）0.6～1.3千克、钾（K_2O）1.4～3.1千克。吸收氮、磷、钾的比例约为1∶0.5∶1.2。杂交水稻的吸钾量一般高于普通水稻。水稻不同生育时期的吸肥规律是分蘖期吸收养分较少，幼穗分化到抽穗期是吸收养分最多和吸收强度最大的时期；抽穗以后一直到成熟，养分的吸收量明显减少。南北稻区土壤不同，在施肥配比上有一定差别。南方土壤多偏酸，磷素较为丰富，缺钾；北方稻田多偏碱，缺磷，施磷后易被土壤固定，钾相对丰富。所以，南方水稻较合理的氮、磷、钾之比为1∶（0.3～0.5）∶（0.7～1.0），平均为1∶0.4∶0.9；北方水稻施肥的氮、磷、钾比例以1∶0.5∶0.5较为合适。

水稻对缺锌敏感，易患“缩苗病”。冬麦茬稻和早稻更易缺锌。过量施用磷肥也会诱导缺锌。增施有机肥、合理施用磷肥可以防止缺锌；锌肥作基肥土施或叶面喷施可以矫正缺锌。水稻是喜硅作物，是吸收硅最多的作物。硅能促进水稻呼吸和根系生长，提高光合效率，健壮茎秆，增强抗倒、抗病能力，对高产水稻尤其要适当增施钾肥和硅肥。

74. 每生产100千克大豆需要吸收多少氮、磷、钾?

每生产100千克大豆籽粒约需吸收纯氮（N）7.2千克、有效磷（P_2O_5）1.8千克、有效钾（K_2O）4.0千克。三者之比大致为4∶1∶2。此外，大豆还要吸收少量的钙、镁、铁、硫、锰、锌、铜、硼、钼等中、微量元素。常规栽培大豆通过根瘤菌从空气中固定的氮占本身所需氮素总量的50%～60%。因此，还必须施用一定数量的氮、磷和钾肥，才能满足其正常生长发育的需求。近年来，速生型根瘤菌肥料比较受欢迎，采用根瘤菌肥料，不仅成本低，而且增产效果明显，增产率可达5%～15%。由于根瘤菌肥料受气候影响较大，年季间效果差异较大，因此应与无机氮肥配合施用。

75. 每生产 100 千克甜菜需要吸收多少氮、磷、钾?

甜菜对肥料比较敏感，需肥量较大。耗肥量大、吸肥力强、吸收肥料期间长，是甜菜三大需肥特点。每生产 100 千克甜菜需纯 N 0.5 千克、P_2O_5 0.15 千克、K_2O 0.7 千克，氮磷钾三要素之比为 1∶0.3∶1.4，还需要一定量的钙、钠、铁、硫、镁、硼、钼、锌等中、微量元素。

在甜菜营养生长时期，需肥量是两头小、中间大，呈抛物线状。幼苗期植株小，吸肥量小，约占全生育期吸肥量的 15%～20%；甜菜繁茂期对氮、磷、钾的吸收量分别为整个生育期总吸收量的 70%～90%、50%～66%、53%～72%；到了块根成熟生长期，甜菜对磷、钾的吸收量仍然较高，但对氮肥的需要则显著减少，只占全生育期总量的 8%～9%。一般来说，在此期间不需追肥，特别是氮肥。甜菜幼苗期虽需肥量小，但这时也是生命活动最旺盛的时期，对各种营养元素的需要都很迫切；有的营养元素在体内还有再利用的特点，所以肥料应适当提前施用。

76. 每生产 100 千克马铃薯需要吸收多少氮、磷、钾?

马铃薯属高产喜钾作物，每生产 100 千克块茎，大约需要从土壤中吸收氮（N）0.5 千克、磷（P_2O_5）0.2 千克、钾（K_2O）1.06 千克，氮磷钾三要素之比为 1∶0.4∶2。即马铃薯对钾肥的需要量是氮肥的 2 倍。除氮、磷、钾外，钙、硼、铜、镁等中、微量元素也是马铃薯生长发育所必需的，尤其是对钙元素的需要量为钾的 1/4。马铃薯的各个生育时期，所需营养物质的种类和数量不同。从发芽到幼苗期，由于块茎中含有丰富的营养，所以吸收养分较少，约占全生育期的 25%。块茎形成期到块茎膨大期，由于茎叶大量生长和块茎的迅速形成和膨大，所以吸收养分最多，占全生育期的 50%以上。淀粉积累期吸收养分减少，占全生育期的 25%左右。各生育期吸收氮、磷、钾的情况是苗期需氮较多，中期需钾较多，整个生长期需磷较少。

77. 什么是同等重要和不可替代律？

植物生长发育所必需的17种营养元素在其体内同等重要、缺一不可，即所有植物必需元素都是不可替代的。植物的必需营养元素含量虽然悬殊，但具有同等重要的作用。如碳、氢、氧、氮、磷、钾、硫等元素是组成碳水化合物的基本元素，是脂肪、蛋白质和核酸的成分，也是构成植物体的基本物质；铁、镁、锰、铜、钼、硼等元素是构成各种酶的成分；钾、钙、氯的等元素是维持植物生命活动所必需的条件。这些元素在植物生长发育中是同等重要的。

无论哪种元素缺乏，都会对作物生长造成危害；同样，某种元素过量也会对作物生长造成危害。

在植物必需的营养元素中，各种元素有其特殊的作用，而且不能相互代替。如钾的化学性质和钠相近，离子大小和铵相近，在一般化学反应中能用钠来代替钾，在矿物结晶上铵能占据钾的位置，但在植物营养上钠和铵都不能代替钾的作用。

78. 什么是营养元素的相互作用？

营养元素的相互作用指的是营养元素在土壤中或作物中产生相互影响，一种元素在与另一种元素以不同水平混合施用时所产生的不同效应。也就是说，两种营养元素之间能够产生促进作用或拮抗作用。这种相互作用在大量元素之间、微量元素之间以及微量元素与大量元素之间均有发生；可以在土壤中发生，也可以在作物体内发生。

由于这些相互作用改变了土壤和作物的营养状况，从而调节土壤和作物的功能，影响作物的生长和发育。作物通过根系从土壤溶液中吸收各种养分离子，这些养分离子间的相互作用对根系吸收养分的影响极其复杂，主要有营养元素间的拮抗作用和协同作用。

79. 什么是拮抗作用？

拮抗是一种物质被另一种物质所抑制的现象，是两种以上物质混合后的总作用小于每种物质分开来的作用之和的现象。作物吸收无机营养时，某些元素具有抑制作物吸收其他元素的作用，这种作用称为拮抗作用。如钾元素太多时，妨碍作物吸收镁元素，有时作物会出现缺镁症。

离子间的拮抗作用主要表现在阳离子与阳离子之间或阴离子与阴离子之间，一价离子之间、二价离子之间、一价离子与二价离子之间都有这种作用。肥料中拮抗作用的示例有：钙抑制锌、铁、镁、硼等元素的吸收；钾抑制作物吸收钙、镁；铜抑制锰的吸收；氮抑制钾的吸收；锌抑制铁的吸收；锰抑制钼的吸收；铁抑制锰、磷和钼的吸收；磷抑制铜、锌和铁的吸收；氯抑制磷的吸收等。

80. 什么是协同作用?

协同作用就是“1+1>2”的效应，两种或多种物质协同地起作用，其效果比每种物质单独起作用的效果之和大得多的现象。简单来说就是两种（或几种）物质在某一方面起相同或相似的作用使效果更加明显。

肥料中的协同作用主要是指某些元素具有促进作物吸收其他元素的作用，这种作用称为互助作用。如磷元素多时，钼元素能被作物充分吸收。肥料中的协同作用主要有：磷能促使作物充分吸收钼，磷与镁能相互促进吸收，钾能促进铁的吸收，硅与镁能相互促进吸收等。水稻田施用镁肥可加强水稻对硅元素的吸收作用。另外，有机肥与无机肥配合施用、平衡施肥、水肥一体化等方式都是灌溉和施肥过程中的协同作用。

81. 什么是养分归还学说?

由于人类在土地上种植作物并把它们的产物拿走，就必然会使地力逐渐下降，从而土壤所含的养分也愈来愈少。因此，要恢复地力就必须归还从土壤中拿走的全部物质，不然，就难以维持原有的作物产量，为了增加或维持产量就应该向土壤中施加养分。

这个学说是19世纪德国杰出的化学家李比希提出的，也叫养分补偿学说。其主要论点是作物收获后从土壤中带走某些养分，使得这些养分物质在土壤中贫化；但土壤贫化程度因作物种类而产生差异。

如不能正确地归还作物从土壤中所摄取的全部物质，土壤会越来越贫瘠，所以要维持地力就需要施用矿质肥料，使土壤的养分损耗和营养物质的归还间存在平衡。因此，要恢复地力和提高作物单产，通过施肥向土壤中施加养分，归还从土壤中拿走的全部物质，才能维持或提高作物产量。

82. 什么是最小养分律？

作物产量受土壤中相对含量最少的养分控制，作物产量的高低随最小养分补充量的多少而变化。1843 年，李比希在其所著的《化学在农业和生理上的应用》一书中提出了“最小养分律”。

这一理论认为：作物产量主要受土壤中相对含量最少的养分控制，作物产量的高低主要取决于最小养分补充的程度，最小养分是限制作物产量的主要因子，如不补充最小养分，其他养分投入再多也无法提高作物产量。例如，氮供给不充足时，即使多施磷和其他肥料，作物产量仍不会提高。

我国最小养分的变化趋势：

20 世纪 50 年代，我国农田土壤普遍缺氮。

20 世纪 60 年代，磷成为限制作物产量提高的最小养分。

20 世纪 70 年代，土壤中钾的耗竭加剧，在我国长江以南，钾转化为最小养分。

20 世纪 80 年代以后，土壤中微量元素的缺乏严重阻碍了作物产量的提高，微量元素成为最小养分，其中缺乏面积较大的微量元素主要是锌、硼、钼。

83. 什么是报酬递减律？

报酬递减律原为一个经济定律，在 18 世纪后期，首先由欧洲的经济学家杜尔哥（Turgot）和安德森（Anderson）同时提出。由于它正确地反映了在技术条件不变的前提下，投入与产出之间的关系，因而作为经济学上一个基本法则，在工业、农业及牧业生产中得到广泛的应用。

报酬递减律的含义是“从一定的土地上得到的报酬，虽是根据在该土地上所投入劳力和资本数量的增大而增加，但达到一定限度后，随着单位劳力和资本的再增加而报酬的增加却在逐渐减少”。

肥料学中报酬递减律的定义是当某种养分不足成为进一步提高产量的限制因子时，合理施用肥料，尤其是施用化肥，就可以显著提高作物的增产量。但是当施肥量超过一定用量时，单位施肥量的增产量有下降的趋势。

根据作物产量与施肥量之间的关系，在连续递增施肥剂量的情况下，会出现直线、曲线和抛物线等 3 种肥料效应模式；在其他技术条件不变的前提下，施肥量递增达到一定数量以后，必然会出现报酬递减现象。

（1）当施肥量较低时，作物产量与施肥量呈近似直线而不是简单的直线关系。

（2）当施肥量在适量范围内，作物产量与施肥量之间的关系不是简单的直线关系，而是米氏方程式所表示的曲线模式。

（3）当施肥量超过适量范围时，原来对作物增加有利的因素，就可能转化为毒害因素。在这种情况下，增施肥料不仅不能增加产量，相反，还会降低产量。针对这种关系费弗尔提出了表示肥料效应全过程的抛物线模式。

84. 什么是肥料利用率？

肥料利用率是指作物吸收来自所施肥料的养分占所施肥料养分总量的百分率，随作物种类、肥料品种、土壤类型、气候条件、栽培管理以及施肥技术等因素发生变化。

国内外评价作物肥料利用率的指标有多种。概括起来可分为两类：吸收效率和生产效率。传统的肥料利用率（NUE），指作物吸收的肥料养分占所施肥料的百分率，也常被称作肥料吸收利用率或回收率（RE），这一类为吸收效率，不包括肥料的损失和残留在土壤中的部分，也仅局限于肥料施入后的当季利用率。肥料的生产效率则包括肥料吸收后的物质生产效率及向经济器官（如籽粒）的分配情况，例如氮生产力（NP）是指作物籽粒产量与施氮量的比值。

常用的评价肥料利用率的指标有以下 4 个。①肥料的偏生产力：

是作物籽粒产量与投入肥料的比值，计算公式是 $PFP=Y/F$。②肥料的农学效率：是单位施肥量对作物籽粒产量增加的反映，计算式为 $AEN=(Y-Y_0)/F$。③肥料的吸收效率：这一指标与国内的定义相同，是评价作物对肥料吸收的一个重要指标，反映作物对土壤中养分的回收效率，计算式为 $REN=(U_s-U_0)$。④肥料的生理利用率：指作物地上部每吸收一千克肥料中的氮所获取籽粒产量的增量，反映了作物在吸收同等数量氮素时所获得经济产量的效果，计算式为 $PE_s=(Y-Y_0)/(U-U_0)$。这些指标从不同侧面反映了作物对肥料的利用情况。

测定肥料利用率的方法有两种：同位素示踪法和差减法。差减法肥料利用率（%）=（施肥区作物吸肥量－不施肥区作物吸肥量）/施肥量×100%；示踪法肥料利用率（%）＝施肥区作物吸收肥料养分/施肥量×100%。一般来说，用示踪法计算的肥料利用率比用差值法的低，这是由于差减法还包括了作物因施肥多而吸收的土壤养分。

85. 影响肥料利用率的因素有哪些？

为实现粮食作物的持续增产，施肥是提高作物产量的重要手段，但肥料的不合理施用也造成了利用率低、损失严重、环境污染等不利后果。影响肥料利用率的重要因素有：①土壤类型、性质、酸碱度等。②气候条件。③作物的种类、品种和生育时期。④肥料的种类、性质等。⑤施肥方法和其他技术措施的配合等。

（1）土壤性质。不同土壤类型及其土壤物理性质和化学性质的差异，对肥料的转化、土壤残留以及损失等均有很大影响。本身养分含量高的土壤在休耕期将会有更多的养分损失进入环境。另外土壤有机质含量、酸碱度、土壤水分、土壤通气状况、土壤温度、土壤结构、阳离子交换量、氧化还原状态和土壤微生物的活动也对养分利用率有重要影响。

（2）气候条件。养分利用率除了因土、肥、作物而各异外，还受到不同年份季节和气候条件如光照、降雨等要素的影响，同一地点不同季节或不同年际间测得的结果变异很大。如降雨集中会使施入的氮素肥料因作物不能及时吸收而可能以 NO_3^- 的形式流失。

（3）作物种类与农艺操作。不同作物的肥料利用率不同，不同的作物有不同的施肥量，确定施肥量应该充分考虑作物产量、肥料利用率、产量水平及气候条件等多种栽培因素。研究发现，C_4 作物比 C_3 作物具有较高的氮肥利用率。另外，同种作物不同基因型间的肥料利用率也有差异。根据不同生态区的特点调整作物的种类与布局，进行合理的间、套、轮作等措施有助于提高养分利用率。

（4）肥料品种的差异。肥料释放养分的时间和强度与作物需求之间的不平衡是化肥利用率低的原因之一。肥料的成分不同，在作物成长过程中发挥的作用也完全不同，单质肥料中，不同形态的肥料适合的作物、施肥时间等也不同；不同产地、生产工艺的单质肥料，其纯度不同，杂质含量各异，自然其使用效果也存在很大差异。研究表明，对于水稻和麦类作物来说，化学性质稳定的氮肥（尿素、硫酸铵）的肥料利用率一般比化学性质不稳定的碳酸氢铵要高些。

（5）施肥管理。施肥量是施肥技术的核心也是影响氮肥利用率的首要因素。一般来说，在一定的施肥量范围内，随着施肥量的增加，作物产量增加，肥料利用率显著降低。施肥时期也和施肥量一样是养分管理、提高养分利用率的核心问题。作物对养分吸收的时段性差异导致作物在不同生长发育阶段的养分利用率不同。所以我们就要选择适宜的时期施肥，以获得最佳养分利用率。造成时段性差异的有外源因素和内源因素。外源因素取决于生长发育条件，包括水分和养分供应引起的生长状况的改变；内源因素则是其生长发育的需求。作物苗期一般有一定时间的缓慢生长阶段，有限的生长速率既限制了水分的效果，也限制了养分的作用。

86. 根系获取养分的途径有哪几种？

根系是植物吸收养分和水分的主要器官，也是养分和水分在作物体内运输的重要部位，它在土壤中能固定植物，保证植物正常受光和生长，并能作为养分的储藏库。根部可以从土壤溶液中吸收矿物质，也可以吸收被土粒吸附的矿物质。根部吸收矿物质的主要是根尖，其中根毛区吸收离子最活跃，根毛的存在使根部与土壤环境的接触面积大大增加。根系吸收溶液中的矿物质主要经过以下两个步骤：①离子吸附在根系细胞表面，在吸收离子的过程中，同时进行着离子的吸附与解吸附。②离子进入根系内部，吸附在质膜表面的离子经过主动吸收、被动吸收或者胞饮作用等到达质膜内。根也可以利用土壤胶体颗粒表面的吸附态离子，根对吸附态离子的利用方式有两种，一种是通过土壤溶液进行交换，另一种是直接交换或者接触交换。

土壤中养分到达根表有两个途径：①根对土壤养分的主动截获（根系直接从所接触的土壤中获取养分而不通过运输，截获的养分实际是根系占据的土壤容积中的养分，截获量与根表面积和土壤中有效养分的浓度有关）。②在植物生长与代谢活动（如蒸腾、吸收等）的影响下，土体养分向根表的迁移。迁移方式有两种：①质流。植物的蒸腾作用和根系吸水造成的根表土壤与原土体之间出现明显的水势差，此种压力差导致土壤溶液中的养分随着水流向根表迁移。②扩散。当根系通过截获和质流作用获得的养分不能满足植物需求时，随着根系的不断吸收，根系周围有效养分浓度明显降低，并在根表垂直方向上出现养分浓度梯度，从而引起土体的养分顺着浓度梯度向根表迁移。

综上，简单地将根系吸收养分的途径归纳为3个词：遇到（截获）、带到（质流）和要到（扩散）。而影响这一过程的因素包括温度、通气性、光（主要影响蒸腾作用）、养分浓度、酸碱度、离子间相互作用，这些因素均与灌溉和施肥存在着直接或间接的关系。

87. 施肥的意义是什么？

作物生长需要施肥，是为了提高作物产量和品质、增加作物产值。施肥的核心内涵包括以下两方面内容：①作物生长的环境要素调控的需要。作物的生长发育及产品器官的形成，一方面取决于植物本身的遗传特性，另一方面取决于外界环境（也称为作物的生长因素或者生活因子）。主要的生长因素包括温度（空气温度及土壤温度）、光照（光的组成、光照度、光周期）、水分（空气湿度和土壤湿度）、土壤（土壤肥力、化学组成、物理性质及土壤溶液等）、空气（大气及土壤中空气的氧气和二氧化碳含量及有毒气体含量等）。水分和土壤（尤其是土壤肥力）相对容易调整，灌溉和施肥时间、量以及方式直接决定着土壤中的水肥含量。因此，进行作物施肥管理意义极其重大，减少了作物生长中的养分限制因子。②作物生长的需要。作物生长过程中为了维持其生命活动，必须从外界环境中吸收其生长发育需要的养分，作物体生长所需的化学元素称为营养元素；土壤中的养分是保证作物茁壮生长的条件之一。作物生长不断消耗土壤中的养分，所以要经常补充土壤中的养分。补充土壤中的养分，就是要经常施肥。

四、合理施肥技术

88. 什么是肥料？

按照《汉语大字典》的定义，肥料是能供给养分使植物发育生长的物质。肥料的种类很多，有无机的，也有有机的；所含的养分主要是氮、磷、钾 3 种。

按照《中国农业百科全书·农业化学卷》的定义，肥料是为作物直接或间接提供养分的物料。施用肥料能促进作物的生长发育、提高产量、改善品质和提高劳动生产率。有机肥料的施用，还可改良土壤结构，改善作物生长的环境条件，对作物持续、稳定增产起着重要作用。

按照《肥料和土壤调理剂术语》（GB/T 6274—2016）的定义，肥料是以提供植物养分为主要功效的物料。

通常来讲，肥料是指提供一种或一种以上植物必需的营养元素、改善土壤性质、提高土壤肥力水平的一类物质。

按照我国《肥料登记管理办法》肥料是指用于提供、保持或改善植物营养和土壤物理、化学性能以及生物活性，能提高农产品产量，或改善农产品品质，或增强植物抗逆性的有机、无机、微生物及其混合物料。

本书所述的肥料，除特殊说明外，均按《肥料登记管理办法》中的肥料执行。

89. 肥料从哪里来？

肥料来自自然物质循环过程，肥料有来自土壤圈的有机肥、来自大气圈的氮肥、来自海洋圈的海藻酸、来自岩石圈的矿物肥料等。生物固氮、工业固氮、高能固氮将氮气变成植物可以吸收的铵态氮或者硝态氮，供植物利用；地球上的磷主要以磷矿石的形式存在，化学磷肥是将磷矿石粉碎为磷矿粉，经过加酸、加热、过筛制成磷肥；我国可以利用的含钾资源有含钾盐湖卤水、钾石盐矿、明矾石、钾长石、海水等；中、微量元素肥料也是在自然循环中一直存在的；有机肥就是动植物残体的再利用过程。因此，肥料无处不在，肥料是自然物质循环的一个环节。

90. 肥料与施肥技术在我国有怎样的发展历程？

我国应用肥料历史悠久，早在两三千年以前就有了施用有机肥的文字记载，在春秋战国时期就有“百亩之粪”“地可使肥，多粪肥田”“多用兽骨汁和豆萁作肥料”等记载，这足以证明我国使用有机肥的历史。我国古代农民十分注重肥料技术的开发研究，创造了有机肥料积造腐熟技术等，《齐氏要术》中记载了“踏粪法”，明代《宝坻劝农书》中记载了“蒸粪法、煨粪法、酿粪法”等 6 种积造肥料方法。在过去相当长的一段历史时期内，有机肥料在我国农业生产中占据着绝对的主导地位，并随着我国农业生产的发展而不断地演变。

1809 年，智利发现硝石（硝酸钠），氮肥最早被用于农业；1842 年，英国首先利用硫酸和磷灰石生产过磷酸钙，建成了世界上第一个过磷酸钙工厂；1861 年，德国开始利用光卤石生产氯化钾；1913 年，德国用 Haber - Bosch 工艺合成氨，随后开始生产硝酸和硝酸铵；1922 年，尿素在德国开始商业化生产。从而分别揭开了植物营养三要素——氮、磷、钾肥料工业发展的序幕。1901 年化肥由日本传入我国台湾，1905 年传入我国大陆。中华人民共和国成立前，我国只有大连化学厂和南京永利铔厂，产品也只有硫酸铵一种。我国化肥产业是在 1949 年中华人民共和国成立后，在大力发展农业的方针的指导下迅速发展起来的。我国化肥产业的发展次序是先氮肥、后磷肥、再钾肥、复合（混）肥、水溶肥。

自化肥进入我国至今已有 100 多年，这 100 年中我国的施肥技术有了日新月异的发展，大致经历了六个阶段。

第一阶段，农家肥阶段，主要指 1901 年以前。当时，我国农业的肥源主要是农家肥，包括畜禽粪便、人粪尿、草木灰以及农作物秸秆堆沤物。有些地区的农民还用塘泥、河泥等作肥料。当时的肥料主要是作基肥，施肥方式主要是土壤撒施。有些农民也掌握了用人粪尿等作追肥的施肥技术。

第二阶段，认识和验证化肥肥效阶段，主要是1901—1950年。此时，化肥被传入我国，并在部分地区应用，化肥对农业高产的显著效果逐渐显现。国家开始进行化肥肥效试验，鼓励农民施用化肥。

第三阶段，有机肥和氮肥配合施用阶段，主要是1950—1970年。这20年中，化学氮肥对农业生产的重要意义已被农民认可，农民开始自觉地购买和施用氮肥来获得高产。

第四阶段，有机肥与氮、磷肥配合施用阶段，主要是1970—1980年。氮肥的大量施用提高了农作物的产量，也加剧了土壤其他营养元素的亏缺，首先表现出来的是磷亏缺，人们开始大量施用化学磷肥。

第五阶段，氮、磷、钾化肥与有机肥配合施用阶段，主要指1980—2000年。李比希“矿质营养学说”“归还学说”和“最小养分律”等农业化学理论深入人心，平衡施肥等科学施肥理论被应用到农业生产中。

第六阶段，水肥一体化阶段，2000年至今。随着水资源短缺的加剧和人们对农业生产经济效益的不断追求，施肥效益的发挥开始受到水分因素的制约。同时，一些地区也出现了土壤肥力不足进而影响水分利用率的问题。水肥耦合研究开始受到人们关注。2009年水溶肥登记标准出台，2013年6月1日《水溶性肥料》（HG/T 4365—2012）正式实施，我国水溶肥及水肥一体化发展正式进入快车道。

91. 什么是化肥？

按照《中国大百科全书》的定义，化肥是化学肥料的简称，用化学和（或）物理方法人工制成的含有一种或几种农作物生长需要的营养元素的肥料。作物生长所需要的大量营养元素有碳、氢、氧、氮、磷、钾；中量营养元素有钙、镁、硫；微量营养元素有硼、铜、铁、锰、钼、锌、氯等。土壤中的大量营养元素氮、磷、钾通常不能满足作物生长的需求，需要施用含氮、磷、钾的化肥来补足。而微量营养元素中除氯在土壤中不缺外，另外几种营养元素则需施用微量元素肥料。氮肥、磷肥、钾肥是作物需求量较大的化学肥料。

化学肥料也称无机肥料，包括氮肥、磷肥、钾肥、中微肥、复合肥料等，是一类重要的农业生产资料。化肥具有以下共同的特点：成分单纯，养分含量高；肥效快，肥劲猛；某些肥料有酸碱反应；一般不含有机质，无改土培肥的作用。化学肥料种类较多，性质和施用方法差异较大。只含有一种可标明含量的营养元素的化肥称为单元肥料，如氮肥、磷肥、钾肥以及中量元素肥料和微量元素肥料；含有氮、磷、钾3种营养元素中的2种或3种且可标明其含量的化肥，称为复合肥料或混合肥料。

92. 什么是有机肥？

按照《中国大百科全书》的定义，有机肥料是指来源于植物或动物，以提供作物养分为主要功效的含碳物料。多数有机肥料兼有改善土壤性质的作用。有机肥料是农业生产的重要组成部分；合理利用有机肥料是降低能耗，培肥地力，增强农业后劲，促进农作物高产稳产，维护农业生态良性循环的有效措施。

按照《有机肥料》（NY 525—2021）的定义，主要来源于植物和（或）动物，经过发酵腐熟的含碳有机物料，其功能是改善土壤肥力，提供植物营养，提高作物品质的产品，称为有机肥料。其技术指标为有机质含量大于等于45%，氮、磷、钾总含量不少于5%。

按照《肥料和土壤调理剂术语》（GB/T 6274—2016）的定义，有机肥料是主要源于植物或者动物、施于土壤以提供植物营养为主要功效的含碳物料。

有机肥料简称有机肥，是主要来源于植物和（或）动物，施于土壤以改善土壤肥力、提供植物营养或者提高作物品质的含碳有机物料。由生物物质、动植物废弃物、植物残体加工而成，消除了其中的有毒有害物质，富含大量有益物质，包括多种有机酸、肽类以及包括氮、磷、钾在内的丰富的营养元素。

93. 常见的有机肥料有哪些？

我国有机肥的来源极为丰富，其性质复杂，地区间差异大。有机肥料的分类没有一个统一的标准和严格的分类系统。根据有机肥的来源、特性及积制的方法可分为以下两大类型。

（1）传统有机肥料。指以有机物为主的自然肥料，多是人和动物的粪便以及动植物残体，一般分为农家肥和绿肥两大类。①农家肥，常见的有厩肥、堆肥、沼气肥和草木灰等。②绿肥，常见的绿肥作物有紫云英、苕子、肥田萝卜、田菁、苜蓿等。

（2）商品有机肥料。以畜禽粪便、动植物残体、生活垃圾等富含有机质的固体废弃物为主要原料，并添加一定量的其他辅料和发酵菌剂，通过工厂化方式加工生产而成的肥料。根据生产原料的不同，我国商品有机肥料主要包括 3 大类：①以集约化养殖畜禽粪便为主要原料加工而成的有机肥料。②以城乡生活垃圾为主要原料加工而成的有机肥料。③以天然有机物料为主要原料，利用泥炭、褐煤、风化煤等为主要原料经酸或碱等化学处理，并添加一定量的氮、磷、钾或微量元素所制成的肥料。与农家肥相比，商品有机肥料具有养分全面、含量高、质量稳定等特点。

94. 什么是复合肥？

复合肥是指含多种营养元素的农用化肥，主要含氮、磷、钾等多种元素，其主要品种有磷酸铵、硝酸铵等，它的施用量按所含主要成分的折纯量计算。

按照《复混肥料（复合肥料）》（GB/T 15063—2009）的范围规定，复混肥料（复合肥料）包括各种专用肥以及冠以各种名称的以氮、磷、钾为基础养分的三元或者二元固体肥料。已有国家标准或者行业标准的复合肥料如磷酸一铵、磷酸二铵、硝酸磷肥、农用硝酸钾、磷酸二氢钾、钙镁磷钾肥及有机-无机复混肥料、掺混肥料等执行相应的产品标准；缓释复混肥料同时执行相应标准。

按照标准复合肥中的 4 个基本肥料定义如下。

（1）复混肥料。氮、磷、钾 3 种养分中，至少有两种养分标明量的由化学方法和（或）掺混方法制成的肥料。

（2）复合肥料。氮、磷、钾 3 种养分中，至少有两种养分标明量的仅由化学方法制成的肥料，是复混肥料的一种。

（3）掺混肥料。氮、磷、钾 3 种养分中，至少有两种养分标明量的由干混方法制成的颗粒状肥料。

（4）有机-无机复混肥料。含有一定量有机质的复混肥料。

95. 什么是水溶肥？

不同水溶肥的溶解性能对比

水溶性肥料，简称水溶肥，是一种可以完全溶于水的多元复合肥料。广义的水溶性肥料是指完全、迅速溶于水的大量元素单质水溶性肥料（尿素、氯化钾等）、水溶性复合肥料（磷酸一铵、磷酸二铵、硝酸钾、磷酸二氢钾等）、农业农村部发布的行业标准规定的水溶性肥料（大量元素水溶肥料、中量元素水溶肥料、微量元素水溶肥料、含氨基酸水溶肥料、含腐植酸水溶肥料）和有机水溶肥料等。狭义的水溶性肥料是指完全、迅速溶于水的多元复合肥料或功能型有机复混肥料，特别是农业农村部发布的行业标准规定的水溶性肥料产品，该类水溶性肥料是指针对灌溉施肥（滴灌、喷灌、微喷灌等）和叶面施肥而言的高端产品，满足针对性较强的区域和作物的养分需求，需要较强的农化服务技术指导。水溶肥含有作物生长所需的氮、磷、钾、钙、镁、硫以及微量元素等全部营养元素，添加的微量元素主要有硼、铁、锌、铜、钼、锰，由于水溶性肥料是根据作物生长的营养需求特点进行科学配方的，因此其肥料利用率远远高于常规复合肥。水溶肥的主要品种有通用型、高氮型、高磷型、高钾型、硫磷酸铵型、磷酸二氢钾型、硝基磷酸铵型等。水溶肥的制取工艺有物理混配和化学合成两种。

按照《肥料和土壤调理剂术语》（GB/T 6274—2016）的定义，水溶肥为能够完全溶解于水，用于滴灌施肥和喷灌施肥的二元或三元肥料，可添加中量元素、微量元素。

96. 什么是微生物肥料？

按照《微生物肥料术语》（NY/T 1113—2006）的规定，微生物肥料是指含有特定微生物活体的制品，应用于农业生产，通过其中所含微生物的生命活动，增加植物养分的供应量或促进植物生长，提高

微生物肥料的生产过程

产量，改善农产品品质及农业生态环境。目前微生物肥料包括微生物接种剂、复合微生物肥料和生物有机肥3种。①微生物接种剂，一种或一种以上的目的微生物经工业化生产增殖后直接使用，或经浓缩或载体吸附而制成的活菌制品。②复合微生物肥料，目的微生物经工业化生产增殖后与营养物质复合而成的活菌制品。③生物有机肥，目的微生物经工业化生产增殖后与主要以动植物残体（畜禽粪便、农作物秸秆等）为来源并经无害化处理的有机物料复合而成的活菌制品。

微生物肥料是活体肥料，它的作用主要靠它含有的大量有益微生物的生命活动来完成。只有当这些有益微生物处于旺盛的繁殖和新陈代谢的情况下，物质转化和有益代谢产物才能不断形成。《复合微生物肥料》（NY/T 798—2015）要求：液体有效活菌数大于等于0.5亿/毫升，粉剂有效活菌数大于等于0.2亿/克，颗粒有效活菌数大于等于0.2亿/克；《农用微生物菌剂》（GB 20287—2006），规定其3种剂型的有效活菌数分别为：液体大于等于2亿/毫升，粉剂大于等于2亿/克，颗粒大于等于1亿/克；《生物有机肥》（NY 884—2012）要求：有效活菌数大于等于0.2亿/克。因此，微生物肥料中有益微生物的种类、生命活动是否旺盛是其有效性的基础，而不像其他肥料是以氮、磷、钾等主要元素的形式和含量为基础的。图12、图13分别为微生物肥料生产车间和生产中的灭菌操作间。

图12 微生物肥料生产车间

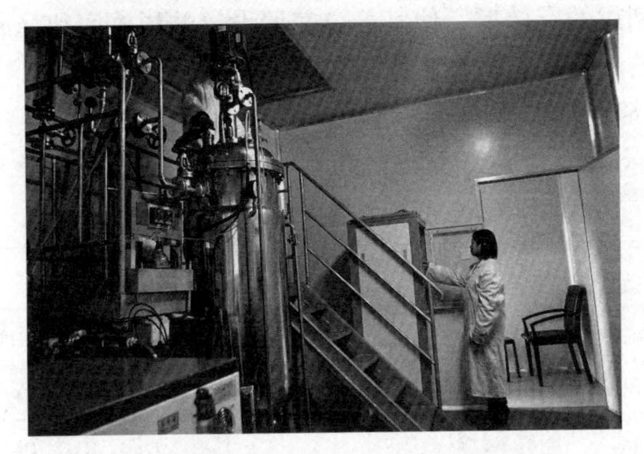

图 13　微生物肥料生产中灭菌操作间

97. 什么是缓控释肥料？

缓控释肥料是结合现代植物营养与施肥理论和控制释放高新技术，并考虑作物营养需求规律，采取某种调控机制技术延缓或控制肥料在土壤中的释放期与释放量，使其养分释放模式与作物养分吸收相协调或同步的新型肥料。一般认为，所谓“释放”是指养分由化学物质转变成植物可直接利用的有效形态的过程，如溶解、水解、降解等。“缓释”是指化学物质养分释放速率远小于速溶性肥料施入土壤后转变为植物有效养分的释放速率。在土壤中能缓慢放出养分，它对作物具有缓效性或长效性，它只能延缓肥料的释放，达不到完全控释的目的。缓释肥料的高级形式为控释肥料，它使肥料的养分释放速度与作物需要的养分量一致，使肥料利用率达到最高。广义上来说控释肥料包括了缓释肥料。控释肥料是以颗粒肥料（单质或复合肥）为核心，在其表面涂覆一层低水溶性的无机物质或有机聚合物，或者应用化学方法将肥料均匀地融入分解在聚合物中形成多孔网络体系，并根据聚合物的降解情况促进或延缓养分的释放，使养分的供应能力与作物生长发育的需肥要求相一致的一种新型肥料。其中包膜控释肥料是最大的一类。

按照其执行标准《缓控释肥料》(HG/T 3931—2007)，缓控释肥料是指通过各种调控机制使其养分最初释放延缓，延长植物对其有效养分吸收利用的有效期，使其养分按照设定的释放率和释放期缓慢或者控制释放的肥料。其技术要求包括初期养分释放率小于等于15%，28天累积养分释放率小于等于75%，标明养分释放期等。具体技术要求见表7。

表7 缓控释肥料技术要求

项目		指标	
		高浓度	中浓度
总养分（$N+P_2O_5+K_2O$）的质量分数（%）	≥	40	30
水溶性磷占有效磷的质量分数（%）	≥	70	50
水分（H_2O）的质量分数（%）	≤	2.0	2.5
粒度（1.00～4.75毫米或3.35～5.60毫米，%）	≥	90	
养分释放期（月）	=	标明值	
初期养分释放率（%）	≤	15	
28天累积养分释放率（%）	≤	75	
养分释放期的累积养分释放率（%）	≥	80	
中量元素单一养分的质量分数（以单质计，%）	≥	2.0	
微量元素单一养分的质量分数（以单质计，%）	≥	0.02	

注：1. 三元或二元缓控释肥料的单一养分含量不得低于4.0%。

2. 以钙镁磷肥等枸溶性磷肥为基础磷肥并在包装上注明“枸溶性磷”的产品、未标明磷含量的产品、缓控释氮肥以及缓控释钾肥，“水溶性磷占有效磷的质量分数”这一指标不做检验和判定。

3. 三元或二元缓控释肥料的养分释放率用总氮释放率来表征；对于不含氮的二元缓控释肥料，其养分释放率用钾释放率来表征；缓控释磷肥的养分释放率用磷释放率来表征。

4. 应以单一数值标注养分释放期，其允许差为15%。如标明值为6个月，累计养分释放率达到80%的时间允许范围为6个月+27天；如标明值为3个月，累计养分释放率达到80%的时间允许范围为3个月+14天。

5. 包装容器标明含有钙、镁、硫时检测中量元素指标。

6. 包装容器标明含有铜、铁、锰、锌、硼、钼时检测微量元素指标。

7. 除上述指标外，其他指标应符合相应的产品标准的规定，如复混肥料（复合肥料）、掺混肥料中的氯离子含量、尿素中的缩二脲含量等。

98. 什么是叶面肥？

大多数植物都依靠根系吸收养分，但是植物的叶片也能吸收外源物质，叶片在吸收水分的同时能够像根一样把营养物质吸收到植物体内。叶面施肥是作物吸收养分的一条有效途径，已成为重要的高产栽培管理措施之一。与土壤施肥相比，叶面施肥具有养分吸收快、用量少、利用率高、对土壤污染轻等特点。尤其是在作物生长后期，根系活力降低，吸肥能力下降或在胁迫条件下（如土壤干旱、养分有效性低），通过叶面施肥可以及时补充养分。另外叶面施肥可以改善农产品品质，如苹果果实内钙含量是影响果实品质的重要因素，将钙营养液直接喷施于叶片，对防治生理性缺钙和提高果实硬度，延长储藏时间具有良好的效果。

《含有机质叶面肥料》（GB/T 17419—2018）中定义：叶面肥料，经水溶解或稀释，具有良好水溶性的液体或固体肥料。按照《肥料和土壤调理剂术语》（GB/T 6274—2016）的定义，叶面肥料即叶面施用并通过叶面吸收其养分的肥料。因此，叶面肥概括起来应该是以叶面吸收为目的，经水溶解或稀释，具有良好水溶性的液体或固体肥料。

99. 什么是生物有机肥？

生物有机肥料是指以畜禽粪便、秸秆、农副产品和食品加工的固体废物有机物料以及城市污泥等为原料，配以多种有益微生物菌剂加工而成的具有一定功能的肥料。有益微生物分为发酵菌和功能菌。发酵菌一般由丝状真菌、芽孢杆菌、无芽孢杆菌、放线菌、酵母菌、乳酸菌等组成，它们能在不同温度范围内生长繁殖，能加快堆体升温，缩短发酵时间，减少发酵过程中臭气的产生，增加各种生理活性物质的含量，提高生物有机肥的肥效。功能菌一般由解钾菌、解磷菌、固氮菌、光合细菌、假单胞杆菌及链霉菌等组成，它们除了具有解钾、解磷、固氮等作用外，还具有提高植物抗病性、抗旱性等能力。

按照《生物有机肥》（NY 884—2012）的定义，生物有机肥指特定功能微生物与以动植物残体（畜禽粪便、农作物秸秆等）为来源并经无害化处理、腐熟的有机物料复合而成的一类具有微生物肥料和有机肥效应的肥料。其技术指标要求：有效活菌数≥0.2 亿/克，有机质（以干基计）≥40.0%，水分含量≤30%，pH 5.5～8.5，粪大肠杆菌群数≤100个/克，蛔虫卵死亡率≥95%，有效期≥6个月，总砷≤15毫克/千克，总镉≤3毫克/千克，总铅≤50毫克/千克，总铬≤150毫克/千克，总汞≤2毫克/千克。

100. 什么是液体肥?

液体肥料，按照《肥料和土壤调理剂术语》(GB/T 6274—2016)的定义，液体肥料是悬浮肥料和溶液肥料的总称。因此，广义上是指流体肥料，包括清液肥料、悬浮肥料等水溶性肥料；又包含不溶于水的悬浊液，即将不溶于水的物质借助于悬浮剂的作用悬浮于水中。狭义的液体肥料是以营养元素为溶质溶解于水中成为真溶液，或借助于悬浮剂的作用将水溶性的营养成分悬浮于水中制成悬浮液（过饱和溶液）。液体肥料是一种典型的高浓度肥料，外观呈流体状态，一般可分为两大类。①液体氮肥：是由单一氮元素所构成的液体肥料，液体氮肥中使用最多的是尿素硝酸铵溶液，其次是液氨、氮溶液和氨水。②液体复肥：包括有两种或两种以上营养元素的溶液或悬浮液。用于生产液体复肥的原料主要有尿素、尿素硝酸铵、磷酸铵、多磷酸铵、氯化钾、磷酸钾、硫酸钾以及硼、锌等微量元素，其营养成分一般可达50%，浓度较高时会析出沉淀（图14）。

图14 国内液体肥施肥设备

101. 什么是BB肥?

掺混肥料，又称干混肥料，含氮、磷、钾3种营养元素中任何两种或3种的化肥，是以单元肥料或复合肥料为原料，通过简单的机械混合制成，在混合过程中无显著化学反应。由于掺混肥料的英文名称为bulk blending fertilizer，因此也称为BB肥。

按照《掺混肥料（BB肥）》（GB 21633—2020）中的定义，掺混肥料为氮、磷、钾3种养分中，至少有两种养分标明量，且由干混方法制成的颗粒状肥料，也称BB肥。其技术要求包括：总养分（$N-P_2O_5-K_2O$）质量分数≥35.0%，水溶磷占有效磷的百分率≥60%，氯离子的质量分数≤3.0%，中量元素单一养分的质量分数≥2.0%，微量元素单一养分的质量分数≥0.02%；组成产品的单一养分质量分数不得低于4.0%，且单一养分测定值与标明值正负偏差的绝对值不得大于1.5%；以钙镁磷肥等枸溶性磷肥为基础磷肥并在包装容器上注明“枸溶性磷”，可不控制“水溶磷占有效磷的百分率”指标；若为氮、钾二元肥料，也不控制“水溶磷占有效磷的百分率”指标。

102. 什么是国家肥料标准体系?

标准体系是一定范围内的标准按其内在联系形成的科学有机整体。根据《肥料登记管理办法》第十条“对有国家标准或行业标准，或肥料登记评审委员会建议经农业部（现农业农村部）认定的产品类型，可相应减免田间试验”。第十三条“对经农田长期使用，有国家或行业标准的下列产品免予登记：硫酸铵，尿素，硝酸铵，氰氨化钙，磷酸铵（磷酸一铵、磷酸二铵），硝酸磷肥，过磷酸钙，氯化钾，硫酸钾，硝酸钾，氯化铵，碳酸氢铵，钙镁磷肥，磷酸二氢钾，单一微量元素肥，高浓度复合肥”。因此，国家肥料标准体系应该由国家标准和行业标准及地方标准共同组成，由以GB开头的国家标准、以NY开头的行业标准、以HG开头的工业和信息化部或者国家发展和改革委员会标准、以DB开头的地方标准及以Q开头的企业标准等相关肥料标准共同构成。

另外，对于既有企业标准和行业标准，又有国家标准或行业标准的产品；产品的企业标准中各项技术指标，原则上不得低于国家标准或行业标准的要求。企业标准必须经所在地标准化行政主管部门备案。

103. 什么是有机液体肥？

有机液体肥是在大量元素氮、磷、钾和中、微量元素配合的基础上，添加腐植酸、氨基酸等水溶性有机质组分。因为是液体剂型，所有营养成分均匀分布于液体中，在施肥时可有效保证施肥的均匀度，相对于固体水溶性肥料来说，其利用率和有效性更高。有机液体肥中的有机质有利于土壤中有益微生物的定殖和存活，有益微生物的次生代谢产物能够促进根系生长发育从而提高作物抗逆性，一般表现在防病促生、抗旱、抗寒等方面，同时随着有机液体肥的长期施用，土壤中的有机质含量逐年增加，耕地质量不断提升，可以形成种养（种地养地）结合的良性循环模式，有机液体肥的大面积推广应用也是节水农业耕地质量提升和优质农业可持续发展的关键一步。

104. 什么是大量元素水溶肥料？

大量元素水溶肥料是指以大量元素氮、磷、钾为主要成分，并按照植物生长所需比例，添加铜、铁、锰、锌、硼、钼微量元素或钙、镁中量元素制成的液体或固体水溶肥料；是一种可以完全溶于水的多元复合肥料，它能迅速地溶解于水中，更容易被作物吸收，而且其吸收利用率相对较高，可以应用于喷、滴灌等设施农业，实现水肥一体化，达到省水省肥省工的效能。现行的产品执行标准为《大量元素水溶肥料》（NY 1107—2020），该标准规定：固体产品的大量元素含量≥50%，水不溶物≤1.0%，液体产品的大量元素含量≥400克/升，水不溶物≤10克/升，其中最低单一大量元素含量不低于4.0%或40克/升。

105. 什么是中量元素水溶肥料？

中量元素是指作物生长过程中需要量次于氮、磷、钾而高于微量元素的营养元素。中量元素一般占作物体干物重的0.1%～1.0%，通常指钙、镁、硫3种元素。中量元素水溶肥是指由钙、镁、硫中量元素按照植物生长所需比例，或添加适量铜、铁、锰、锌、硼、钼微量元素制成的液体或固体水溶肥料。现行的产品执行标准为《中量元素水溶肥料》（NY2266—2012）。该指标为：液体产品 Ca≥100 克/升，或者 Mg≥100 克/升，或者 Ca＋Mg≥100 克/升，水不溶物≤50 克/升；固体产品 Ca≥10.0%，或者 Mg≥10.0%，或者 Ca＋Mg≥10.0%，水不溶物≤5.0%；需特别注意硫不计入中量元素含量，仅在标识中标注。若中量元素水溶肥中添加微量元素成分，微量元素含量应不低于 0.1%或 1 克/升，且不高于中量元素含量的 10%。

106. 什么是微量元素水溶肥料?

微量元素指自然界广泛存在的含量很低的化学元素；在土壤和植物中，通常把元素含量最多不超过 0.01%的元素称为微量元素。植物营养中锌、硼、锰、钼、铜、铁、氯、镍 8 种元素被列入微量元素，我国推广应用的微肥有硼肥、钼肥、锌肥、铜肥、锰肥、铁肥。

微量元素水溶肥料是指由铜、铁、锰、锌、硼、钼微量元素按照适合植物生长所需比例制成的液体或固体水溶肥料。现行的产品执行标准为《微量元素水溶肥料》（NY1428—2010）。该标准规定，固体产品的微量元素含量≥10%，水不溶物≤5.0%；液体产品的微量元素含量≥100 克/升，水不溶物≤50 克/升。需特别注意微量元素含量指铜、铁、锰、锌、硼、钼元素含量之和，产品至少包含一种微量元素，含量不低于 0.05%或者 0.5 克/升的单一元素均应计入微量元素，其中钼元素含量不高于 1.0%或者 10 克/升（单质含钼微量元素产品除外）。

107. 什么是含腐植酸水溶肥料?

矿物源腐植酸是由动植物残体经过微生物分解、转化以及地球化学作用等系列过程形成的，从泥炭、褐煤或风化煤中提取而得的，含苯环、羧基和酚羟基等无定形高分子化合物的混合物。含腐植酸水溶肥料是一种含腐植酸类物质的水溶肥料，以适合植物生长所需比例矿物源腐植酸为基础，添加适量氮、磷、钾大量元素或铜、铁、锰、锌、硼、钼微量元素制成的液体或固体水溶肥料。现行的产品执行标准为农业行业标准《含腐植酸水溶肥料》（NY1106—2010）。产品标准规定，大量元素型固体产品腐植酸含量分别不低于 3.0%，大量元素含量不低于20%，水不溶物≤5.0%；大量元素型液体产品的腐植酸含量不低于30克/升，大量元素含量不低于200克/升，水不溶物≤50.0克/升；含腐植酸微量元素型固体产品的腐植酸含量不低于3%，微量元素含量不低于6%，水不溶物≤5.0%，水分≤5.0%。

108. 什么是含氨基酸水溶肥料？

氨基酸是羧酸碳原子上的氢原子被氨基取代后的化合物，氨基酸分子中含有氨基和羧基两种官能团。含氨基酸水溶肥是指以游离氨基酸为主体，按植物生长所需比例，添加铜、铁、锰、锌、硼、钼等微量元素或钙、镁等中量元素制成的液体或固体水溶肥料，产品分微量元素型和钙元素型两种。产品执行标准为《含氨基酸水溶肥料》（NY1429—2010）。该标准规定：微量元素型含氨基酸水溶肥料的游离氨基酸含量，固体产品和液体产品分别不低于10%和100克/升；其中中量元素≥3.0%或30克/升，必须包含一种中量元素，含量不得低于0.1%或1克/升；微量元素型中，微量元素含量≥2.0%或20克/升，必须包含一种微量元素，含量不得低于0.05%或0.5克/升。

109. 常用的肥料有哪些？

肥料是促进农作物生长发育、提高农业生产效益的重要生产资料。面对五花八门、品种繁多的各种肥料，结合自身发展生产需要，根据肥料种类、特点、成分和功效，选择适宜对路的肥料，可以说是众多农业生产者的必修课。肥料有多种分类方法。

（1）肥料按照来源和成分主要分为有机肥料、无机肥料（化学肥料）和生物肥料。有机肥料主要包括传统有机肥和商品有机肥。传统有机肥主要包括人粪尿、厩肥、家畜粪尿、禽粪、堆沤肥、饼肥、绿肥等。常见的无机肥料（化学肥料）主要有单质肥料、复合（混）肥料、缓控释肥料、水溶性肥料等。目前在农业生产中应用的生物肥料主要有3大类，即单一生物肥料、复合生物肥料和复混生物肥料。

（2）按照市场状况主要分为常规肥料和新型肥料。常规肥料包括无机肥料和有机肥料，无机肥料主要包括氮肥、磷肥、钾肥、微肥及复合肥料等；有机肥料一般包括以下6类：粪尿肥、堆沤肥类、泥土类、泥炭类、饼肥类及城市废弃物类。新型肥料一般包括以下几类：微量元素肥料、微生物肥料、氨基酸肥料、腐植酸肥料、添加剂类肥料、有机水溶肥料、缓释肥料。

(3）按含养分多少可分为单质肥料、复合（混）肥料、完全肥料3种。

(4）按作用可分为直接肥料、间接肥料、刺激性肥料3种。

(5）按肥效快慢可分为速效肥料、缓效肥料两种。

(6）按形态可分为固体肥料、液体肥料、气体肥料等。

(7）按作物对营养元素的需要可分为大量元素肥料、中量元素肥料、微量元素肥料3种。

(8）按肥料分级及要求，根据有害物质限量指标将肥料划分为生态级、农田级、园林级3个级别。

110. 为什么通常把氮、磷、钾称为“肥料三要素”？

按照《农业大词典》的定义，肥料三要素又称植物营养三要素，是植物所必需的氮、磷、钾3种营养元素。植物在生长发育过程中，对上述养分的需要量较多，而一般土壤可供给的这些有效养分含量经常不足。为确保植物正常生长发育，以获得一定的产量和质量，必须以肥料的形式向土壤补充三要素。

按照《地学辞典》的定义，肥料三要素指氮素、磷素和钾素。这3种元素，作物生长发育过程中需要较多，而一般土壤供应不足（特别是氮）常需施肥补给。

111. 氮肥从哪里来？

氮是我们每天必摄入的营养物质，它以我们熟知的氨基酸的形式存在于蛋白质之中，是动植物生长的必需营养元素；它主要以气态形式存在于大气中，空气中含有大约78%的氮气，占有绝大部分的氮元素，但遗憾的是这些氮分子是惰性的，植物和动物自身不能直接利用，只有在微生物与植物的协作下，才能将这些惰性氮气转变为生物可利用的活性氮。将大气中氮气转化为植物可以吸收的氮主要有3种方式：①生物固氮，即固氮微生物将大气中的氮气还原成氨的过程。

根据固氮微生物的固氮特点以及与植物的关系，可以将它们分为自生固氮微生物、共生固氮微生物和联合固氮微生物3类。②工业固氮，工业上通常用H_2和N_2在催化剂、高温、高压下合成氨，是目前氮肥的主要来源。③高能固氮，由交通工具的引擎和热电站以NO_x的形式产生；另外闪电亦可使N_2和O_2化合形成NO_x，是大气化学的一个重要过程，但对陆地和水域的氮含量影响不大。

112. 什么是工业合成氨?

氨是世界上产量最大的化工产品之一，在全球经济中占有重要地位。现代氮肥工业生产所用的原料主要是合成氨。生产合成氨的哈伯（Haber）法装置于1913年建成，并在德国首先实现了工业化，成为氮肥工业的基础。氨合成的原理是将氢和氮按3∶1的比例混合进行反应，其基本反应式如下：

$$N_2+3H_2 \longrightarrow 2NH_3\uparrow+热$$

迄今为止，除石灰氮外，其他的化学氮肥均由合成氨加工而成。

我国合成氨产品主要分为农业用氨和工业用氨两大类。农业用氨主要用于生产尿素、硝酸铵、碳酸铵、硫酸铵、氯化铵、磷酸一铵、磷酸二铵、硝酸磷肥等多种含氮化肥产品，工业用氨主要用于生产硝酸、纯碱、丙烯腈、己内酰胺等多种化工产品。合成氨工艺因原料的不同而不同：①以天然气、油田气等气态烃为原料，以空气、水蒸气为气化剂的蒸气转化法制氨工艺是最典型、最普遍的合成氨工艺。②以渣油为原料，以氧、水蒸气为气化剂生产合成氨，采用部分氧化法。③以煤（粉煤、水煤浆）为原料，以氧和水蒸气为气化剂的制氨工艺，采用加压气化法或常压煤气化法。

113. 常见的氮肥有哪些类型?

氮是植物体内许多重要有机化合物的重要组分，土壤中能够为作物提供氮源的主要氮肥形态分为铵态氮、硝态氮、酰胺态氮，这几种氮源均为速效氮肥，酰胺态氮在土壤中经微生物转化为铵态氮或硝态氮后为作物生长提供氮营养。目前主要的氮肥包括：①铵态氮肥——碳酸氢铵（NH_4HCO_3）、硫酸铵［$(NH_4)_2SO_4$］、氯化铵（NH_4Cl）、氨水（$NH_3 \cdot H_2O$）、液氨（NH_3）等。②硝态氮肥——硝酸钠（$NaNO_3$）、硝酸钙［$Ca(NO_3)_2$］、硝酸铵（NH_4NO_3）等。③酰胺态氮肥——尿素［$CO(NH_2)_2$］，是固体氮中含氮最高的肥料。④尿素硝酸铵溶液、脲铵氮肥及磷酸一铵、磷酸脲等氮磷二元肥和硝酸钾等氮钾二元肥。

按照《肥料合理使用准则　氮肥》（NY/T 1105—2006）中的分类，氮肥分为铵态氮肥、硝态氮肥、硝铵态氮肥、酰胺态氮肥。图15为几种常见的氮肥的外观。

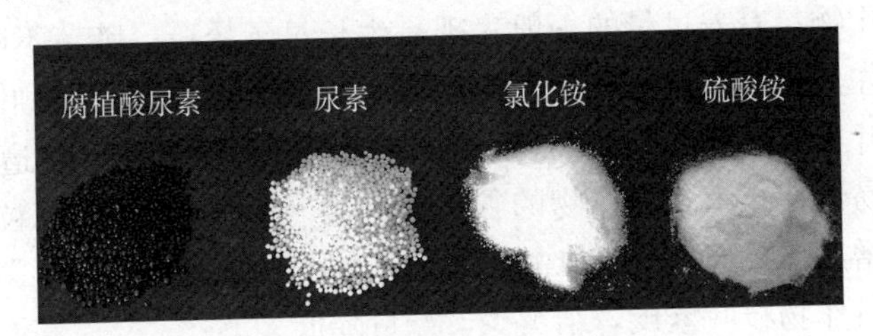

图15　几种常见氮肥的外观

114. 氮肥对作物生长的影响有哪些？

氮素是作物营养的三大矿质元素之一，是作物体内蛋白质、核酸、酶、叶绿素等以及许多内源激素或其前体物质的组成部分，因此氮素对作物的生理代谢和生长发育有重要作用。

氮素是影响作物生物产量的首要养分因素，也是叶绿素的主要组成成分之一，因其可延长作物光合作用持续期、延缓叶片衰老、有利于作物抗倒伏，最终会增加作物干物质的积累。施用氮肥有利于作物地上部的生长，能使作物的株高、茎粗、叶片数、叶面积和生物量等生物学性状指标均明显增加。但随着施氮量的增加，各生长指标均呈现出先增加后轻微降低的趋势。根系是作物吸收水分和养分的主要器官，也是合成氨基酸和多种植物激素的重要场所。氮的合理施用可有效增加作物的根长、根表面积、根体积及地下生物量，促进根系的生长发育，增强其对养分的吸收能力，从而促进作物地上部的生长发育；但是过量施用氮会导致作物的总根长和根系生物量的下降，抑制根系生长。氮肥施用不足是穗粒数下降和作物产量降低的主要原因之一。在一定范围内，施氮会明显增加农作物的单位面积有效穗数、穗粒数、穗长、穗粗、千粒重和产量，但施氮量过高，作物的结实率和千粒重就会下降，产量和氮肥利用率也会下降。

在实际生产中，经常会遇到农作物氮营养不足或过量的情况，氮营养不足的一般表现是植株矮小，细弱；叶呈黄绿色、黄橙色等非正常绿色，基部叶片逐渐干枯；根系分枝少；禾谷类作物的分蘖显著减少，甚至不分蘖，幼穗分化差，分枝少，穗形小，作物显著早衰并早熟，产量降低。

农作物氮营养过量的一般表现是生长过于繁茂，腋芽不断出生，分蘖往往过多，妨碍生殖器官的正常发育，以至推迟成熟，叶呈浓绿色，茎叶柔嫩多汁，体内可溶性非蛋白态氮含量过高，易遭病虫危害，容易倒伏；禾谷类作物的谷粒不饱满（千粒重低），秕粒多；棉花烂铃增加，铃壳厚，纤维品质降低；甘蔗含糖率降低，薯类薯块变小，豆科作物枝叶繁茂，结荚少，产量降低。

115. 作物缺氮的症状有哪些？

氮是蛋白质的主要成分，是作物生命活动的基础。当作物因氮肥缺乏造成缺氮时，其主要症状是作物生长受抑制、植株矮小、瘦弱；特别是地上部分所受的影响比地下部分更明显。从叶片看，作物缺氮时，叶片表现为又薄又小，整个叶片显黄绿色，严重时下部老叶几乎显黄色，甚至干枯死亡。从根茎看，作物缺氮时，表现为茎细弱，多木质；根则生长受抑制，较细小。此外，作物缺氮时，还表现出分蘖少或分枝少，花、果、穗生育迟缓、不正常的早熟，种子少而小，千粒重低等问题。小麦缺氮时，主要表现为植株矮小细弱，生长缓慢，分蘖少而弱，叶片窄小直立，叶色淡黄绿，老叶干枯，次生根数目少，茎有时呈淡紫色，穗形短小。玉米缺氮时，幼苗生长缓慢，叶片呈黄绿色，植株矮小；三叶期缺氮叶鞘呈紫红色，叶片由下而上从叶尖沿中脉向基部黄枯；玉米生长后期缺氮，其抽穗期将延迟，雌穗不能正常发育，穗小且头部不饱满。棉花缺氮时，植株矮小，叶片薄而小，中下部叶片变黄，基部老叶发红，生长缓慢，现蕾少，单株成铃少，生育后期极易封顶早衰。

116. 氮肥在土壤中如何转化？

氮肥施入土壤后，被作物吸收利用的只占其施入量的 30%～40%，大部分氮肥经过各种途径损失于环境中。在氮素以不同形态进入环境的过程中，氮素之间、氮素与周围介质之间，始终伴随和发生着一系列的物理、化学和生物转化作用。

（1）硝化作用。是 NH_4^+ 或 NH_3 被氧化为 NO_3^- 的过程。这些反应分别由两种微生物推动：NH_3 氧化细菌（或初级硝化细菌）和 NO_2^- 氧化细菌（或次级硝化细菌），前者把 NH_3 氧化为 NO_2^-，后者把 NO_2^- 氧化为 NO_3^-，这两种微生物共称硝化细菌。除了自养硝化细菌利用硝化作用固定 CO_2，异养硝化微生物也逐渐被大家认识，这些微生物利用有机碳作为碳源和能源，不需要从 NH_4^+ 的氧化过程中获得能量，且其氧化产物具有多样性。硝化作用受很多因素的影响，其中主要有土壤水分和通气条件、土壤温度和 pH、施入肥料的种类和数量以及耕作制度和植物根系等。

（2）反硝化作用。NO_3^- 逐步还原为 N_2 的过程，并释放几个中间产物。现已明确反硝化作用的生化过程通式为：$2NO_3^- \rightarrow NO_2^- \rightarrow 2NO \rightarrow N_2O \rightarrow N_2$。反硝化过程具有导致土壤和肥料氮素损失以及氮氧化物污染环境的双重影响，因而引起了人们的注意。土壤反硝化作用的产生需要以下几个条件：①存在具有代谢能力的反硝化微生物。②合适的电子供体。③厌氧条件或 O_2 的有效性受到限制。④N 的氧化物如 NO_3^-、NO_2^-、NO 或 N_2O 作为末端电子受体。只有上述条件同时满足时，反硝化过程才能进行。这些因素的相对重要性因生境而异，在土壤中氧的有效性通常是最关键的因素。

（3）化学反硝化作用。NH_4^+ 氧化为 NO_2^- 过程的中间产物、有机化合物自身的 NO_2^-（如胺）或无机化合物（如 Fe^{2+}、Cu^{2+}）的化学分解。这是非生物过程，通常发生在低 pH 时。目前，对化学反硝化作用的研究还比较少。

（4）耦联硝化-反硝化作用。这里提出耦联硝化-反硝化作用，是因为其经常与硝化细菌的反硝化作用相混淆。耦联硝化-反硝化作用不是一个独立的过程，这个词在于强调硝化作用产生的 NO_2^- 或

NO_3^- 可以被反硝化细菌利用。这个耦联可发生在条件同时适合硝化和反硝化、有微生物生存的土壤中。

（5）硝化细菌的反硝化作用。该作用是硝化作用的一个途径。在该过程中，NH_3 被氧化成 NO_2^-，接着被还原为 N_2O。反应只受一类微生物推动，即自养氨氧化细菌。这与耦联硝化-反硝化作用的多种微生物共存把 NH_3 转化为 N_2 形成鲜明对比。

（6）氮的吸附。土壤中各种形态的氮化合物，如铵态氮、硝态氮、有机态氮等均能和土壤无机固相部分相互作用，被吸附或固定，在这 3 种形态中，研究得比较多的是铵态氮和有机氮与土壤固相的作用。至于硝态氮和亚硝态氮则一般被认为是带负电荷，吸附量甚微，甚至有负吸附现象。土壤固体部分对铵态氮的吸附可分为物理吸附、化学吸附和物理化学吸附等几种类型。

（7）氮的矿化。指有机态氮转化为矿质氮的过程，是和氮的固定截然相反的过程，是氮素形态转化的最基本环节。土壤有机态氮的矿化对土壤圈氮循环具有重要意义。有机氮的矿化条件包括内因和外因两方面，内因是有机氮化合物的分子结构及其与矿物质结合的状态，外因是影响微生物活动的环境条件。在有机氮化合物结构方面，对矿化的影响因素有：①有机物的 C/N。②有机物的分子结构。③有机物的集结状态。④有机质和矿物质的结合。

117. 氮素运移规律及其影响因素是什么？

氮是植物生长必需的大量元素之一，需要量居矿质元素首位。氮素在土壤中的运移规律是十分复杂的，受土壤类型、灌水量、灌水方式、施肥液浓度和肥料类型等多种因素的影响。滴灌施肥后土壤氮素主要分布在灌水器周围的湿润土体内，重力与毛管力之间的竞争控制着溶质的运移。

（1）土壤类型。滴灌施肥后，无论黏土、壤土还是沙土，硝态氮均在湿润锋附近发生累积，在距滴头 20 厘米的范围内均匀分布，这一范围内的硝态氮浓度随施肥液浓度的增加而增加；硝态氮浓度分布与滴头流量无明显关系，距滴头 20 厘米的范围内硝态氮的浓度随灌水量的增加略有减小，湿润锋处硝态氮的浓度随灌水量的增加稍有增加。对铵态氮浓度分布影响范围较小，在距滴头 10 厘米的范围内，在滴头附近出现铵态氮的浓度高峰，峰值随肥液浓度的增大而升高；距滴头 15 厘米的范围内铵态氮浓度随滴头流量和灌水量的增加略有增加。

（2）灌水量。氮素运移的水平和垂直距离主要取决于灌水量，滴灌施肥条件下硝态氮向下的运移速度随灌水定额的增加而增大，灌水量高时硝态氮的淋失风险较低灌量大；而当灌水定额和灌水周期一致时，0～40 厘米土层硝态氮和铵态氮的含量随施肥量的增加而增大。

（3）灌溉方式。滴灌施肥运行方式会影响氮素在土壤中的分布特征，采用先灌 1/4 时间的水，接着灌 1/2 时间的施肥，最后灌 1/4 时间水的滴灌施肥方案，氮素在土壤中分布最均匀，且不容易发生硝态氮的淋失。

（4）肥料种类。NO_3^- －N 肥可随水一直向下运移，单次灌水量较大时，氮素溶质（NO_3^-）在土壤内的分布差异显著，单次灌水量较小且灌水非常频繁时，氮素溶质（NO_3^-）在土壤内的分布差异不大；而 NH_4^+ 作为一种反应性溶质，其入渗、再分布与土壤水分相比明显滞后，因土壤的吸附作用聚集在滴头周围。尿素的横向扩散作用较强。灌水量足够时，当肥料为铵态氮［$(NH_4)_2SO_4$］时，氮素最多可向下运动至 150 厘米处；当肥料为硝态氮（KNO_3）时，氮素最多可运动至 210～240 厘米处。

118. 磷肥从哪里来?

磷与氮不同，在地壳所有的元素中，磷的含量排在第 11 位。据统计，地球陆地土壤磷总储量为 1 250 亿吨；海洋中溶解磷为 800 亿吨；磷矿总储量为 190 亿吨。因此，地球上的磷主要以磷矿石的形式存在。磷矿石资源是地球上不可替代的非金属矿产资源，地球上目前可开采利用的较高品位磷矿石数量不多，分布不均。

磷矿石是我国重要的矿产资源，累计查明资源储量约为 200 亿吨，集中分布在湖北、贵州、云南、四川和湖南五省。我国工业磷矿床主要以沉积磷块岩矿床为主，变质型磷灰岩矿床和岩浆型磷灰石矿床居次要地位；我国磷矿石储量虽然丰富，但富矿较少，中低品位矿和贫矿多，且难选矿多、易选矿少，可利用性较差。

磷肥根据来源可分为：天然磷肥，如海鸟粪、兽骨粉和鱼骨粉等；化学磷肥，如过磷酸钙、钙镁磷肥等。化学磷肥是将磷矿石粉碎为磷矿粉，经过加酸、加热、过筛3种方法制成的磷肥。

119. 常见的磷肥有哪些类型？

据统计不同年代施用的磷肥品种为：早期以过磷酸钙、重过磷酸钙为主，而后逐渐向磷酸一铵、磷酸二铵和其他复合磷肥演变。1950—2010年施用磷肥品种过磷酸钙和磷矿粉、脱氟磷肥所占比例逐渐减小，重过磷酸钙、磷酸铵、磷酸二氢钾、聚磷酸所占比例逐渐增加；1950—1980年农田主要施用的磷肥是过磷酸钙，占60%以上；1980年后磷肥品种由重过磷酸钙随施肥年代逐渐演变为磷酸一铵和磷酸二铵。近年来，随着滴灌施肥技术的大面积推广应用，溶解性高的磷肥品种如磷酸二氢钾、磷酸、聚磷酸铵的施用比例呈增加趋势。

目前，我国生产的磷肥，根据磷肥浓度可以分为两类：高浓度磷肥和低浓度磷肥。高浓度磷肥包括磷酸二铵（DAP）、磷酸一铵（MAP）、NPK复合肥（P-NPK）、重钙（TSP）以及硝酸磷肥（NP）；低浓度磷肥包括过磷酸钙（SSP）和钙镁磷肥（FMP）。

按其溶解性可分为3类：①水溶性磷肥，所含磷能溶于水，易被作物直接吸收利用，如过磷酸一铵、磷酸二铵。②弱酸溶性（或称枸溶性）磷肥，所含磷不溶于水，只溶于弱酸。施入土壤后，肥效不如水溶性磷肥快，但较持久，宜作基肥，如钙镁磷肥、钢渣磷肥等。③难溶性磷肥，所含磷素难溶于水和弱酸，只有在强酸条件下才能被溶解，肥效迟缓、持久，如磷矿粉和骨粉等。

120. 磷肥主要的生产工艺有哪些？

磷酸在国民经济中占有重要地位，是生产磷肥和磷酸盐的中间原料。磷酸的生产方法按照磷矿石的化学加工方法划分为热法磷酸法和湿法磷酸法。①热法磷酸法以电热法生产的黄磷为原料，经燃烧水合制取磷酸。热法磷酸的生产工艺主要有一步法和二步法。一步法是黄磷的燃烧与P_2O_5的水化在同一个设备中进行；二步法是将电炉还原磷矿石所得升华磷经过除尘后使磷冷凝呈液态，然后经燃烧、水化、除雾制成磷酸。热法磷酸纯度高，但原料黄磷电耗高，产品成本较高。②湿法磷酸法是采用硫酸分解磷矿石，制得粗磷酸，杂质含量高，杂质成分主要包括铁、氟、镁、铝、硅等，需经过净化除杂，达到工业级和食品级的要求。湿法磷酸净化方法有化学沉淀法、溶剂沉淀法、溶剂萃取法、离子交换法、结晶法和电渗析法等。这种工艺要求磷矿石的品位高、质量好，但制得酸的浓度低。

121. 磷肥对作物生长的影响有哪些？

磷是作物必需的营养元素，是影响作物生长发育和生命活动的主要元素之一。磷是作物体内细胞原生质的组成元素，对细胞分裂和增殖起重要作用；作物生命过程中养分和能量的转化与传递均与磷素有密切的关系，如蒸腾作用、光合作用、呼吸作用三大生理作用以及糖、淀粉的利用和能量的传递等过程。磷对作物生长的影响主要包括以下几方面。

（1）作物体内几乎许多重要的有机化合物都含有磷。

（2）磷是作物体内核酸、蛋白质和酶等多种重要化合物的组成元素。

（3）磷在作物体内参与光合作用、呼吸作用、能量储存和传递、细胞分裂、细胞增大和其他一些过程。

（4）磷能促进早期根系的形成和生长，提高植物适应外界环境的能力，有助于作物耐过严寒。

（5）磷能提高许多水果、蔬菜和粮食作物的品质。

（6）磷有助于增强一些作物的抗病性、抗旱和抗寒能力。

（7）磷有促熟作用，对收获和作物品质是重要的；但是用磷过量会使植物晚熟、结实率下降。

磷肥是我国农业生产必需的生产资料，施用磷肥一直是粮食生产中最重要的措施之一。磷能促进根生长点细胞的分裂和增殖，苗期磷素营养充足，次生根条数增加。磷对根生长的影响，主要不是表现在根重的变化上，而是表现在单位根重有效面积的差异上。在低磷条件下，根的半径减小，单位重的比表面积增加，从而促进根系对磷的吸收。磷是作物体内核酸、磷脂、植素和磷酸腺苷的组成元素。这些有机磷化合物对作物的生长与代谢起重要作用。正常的磷素营养有利于核酸与核蛋白的形成，加速细胞的分裂与增殖，促进营养体的生长。磷素营养水平将影响植物体内激素的含量，且缺磷影响根中植物激素向地上部的输送，从而抑制花芽的形成。

122. 作物缺磷的症状有哪些？

由于磷是许多重要化合物的组成成分，并广泛参与各种重要代谢活动。所以，缺磷对作物光合作用、呼吸作用及生物合成过程都有影响，进而使作物产生缺素症。供磷不足时，蛋白质合成受阻，使细胞分裂迟缓，新细胞难以形成。

作物缺磷时植株生长缓慢，矮小、苍老、茎细直立，分枝或分蘖较少，叶小，呈暗绿或灰绿色而无光泽，茎叶常因积累花青苷而带紫红色。根系发育差，易老化。由于磷易从较老组织运输到幼嫩组织中被再利用，故症状从较老叶片开始向上扩展。缺磷作物的果实和种子少而小、成熟延迟、产量和品质降低；轻度缺磷外表形态不易表现。不同作物症状表现有所差异。

小麦和其他小种子作物缺磷时，一般生长受到抑制，更易感染根部病害。缺磷植株仍然可能保持看似正常的绿色，但生长缓慢，成熟晚。当缺磷严重时，叶片枯萎，有的品种在其茎秆背阴面出现紫色或红色。玉米缺磷植株瘦小，茎叶大多呈明显的紫红色，缺磷严重时老叶叶尖枯萎呈黄色或褐色，花丝抽出迟，雌穗畸形，穗小，结实率低，推迟成熟。棉花缺磷植株生长迟缓，叶片表现出比正常植株更深的绿色，开花延迟，棉花结铃差；在生长后期，叶片未老先衰。

许多植物对磷需要的临界期在苗期，缺乏症状在早期就很明显，这一特点可作为诊断的依据。一旦发现，应尽早补充磷营养。

123. 土壤中磷的形态有哪些？

磷素以众多的化学形式（库）存在于土壤中，就其化合物属性而言可分为有机磷化合物和无机磷化合物两大类。

（1）有机磷化合物包括土壤生物活体中磷和磷酸肌醇、核酸、磷脂等有机磷化物以及尚不明确其存在形态的其他有机磷化合物，包括与腐殖质相结合的某些有机磷。

（2）植素类，占土壤有机磷的2%～5%，是普遍存在于植物体中的有机化合物。磷脂类，占土壤有机磷的1%～5%，主要为磷酸甘油酯、卵磷脂和脑磷脂，普遍存在于动物、植物及微生物组织中，一般为甘油的衍生物。核酸及其衍生物类，占土壤有机磷的0.1%～2.5%，它们能在土壤中迅速降解或重新组合，在核蛋白分解时产生，能与土壤无机黏粒结合形成有机无机复合体。

（3）土壤中的磷素大部分以迟效性状态存在，土壤中可被植物吸收的磷组分，包括全部水溶性磷、部分吸附态磷及有机态磷（有的土壤中还包括某些沉淀态磷），这些可以被植物吸收的磷统称为有效磷。在化学上，有效磷的定义为：能与^{32}P进行同位素交换的或容易被某些化学试剂提取的磷及土壤溶液中的磷酸盐。在植物营养上，土壤有效磷是指土壤中对植物有效或可被植物利用的磷，采用化学提取剂测定土壤有效磷的含量时只能提取出很少一部分植物有效磷，因此有效磷也称为速效磷。

在大部分土壤中，无机磷占主导地位，占土壤全磷量的50%～90%。土壤中的无机磷化合物几乎全部为正磷酸盐，除了少量的水溶态外，绝大部分以吸附态和固体矿物态存在于土壤中。土壤中的难溶性无机磷大部分被铁、铝和钙元素束缚，一般来说，在酸性土壤中，磷与Fe^{3+}、Al^{3+}形成难溶性化合物，在中性条件下与Ca^{2+}和Mg^{2+}形成易溶性化合物，在碱性条件下与Ca^{2+}形成难溶性化合物。土壤中难溶性磷和易溶性磷之间存在着动态的平衡。由于大多数可溶性磷酸盐离子为固相所吸附，所以这两部分之间没有明显的界线。在一定条件下，被吸附的可溶性磷酸盐离子能迅速与土壤溶液中的离子发生交换反应。土壤中的有机磷和微生物磷与土壤溶液磷和无机磷总是处在一种动态循环中。

124. 磷肥在土壤中的运移过程有哪些？

在氮、磷、钾三大肥料中，磷的移动性最小，磷在土壤中的扩散距离仅为3～4厘米，土壤中施入磷肥后，在较短时间内磷的有效性及移动性迅速降低，其主要原因为土壤对磷的吸附和固定。土壤对磷的吸附和固定机制，主要有以下几个方面。

（1）物理吸附。磷酸盐是一种较难解离的化合物，受固体表面能的吸附而集中在固液相的界面上。

（2）化学沉淀。土壤中大量存在的钙、镁、铁和铝等离子与磷酸盐作用生成难溶化合物，导致磷的移动性大大降低，且可逆性差，磷酸根很难再释放。

（3）物理化学吸附。磷酸根与土壤颗粒所带的阴离子发生离子交换而被吸附在土壤固相表面；特别是在中性和碱性土壤中钙镁化合物大量存在，化学沉淀和碳酸钙表面吸附对磷酸根起到了固定作用。通常认为石灰性土壤中磷酸和钙离子沉淀的初步产物以磷酸二钙为主；然而磷酸二钙在中性至碱性土壤中仍是不稳定的，可水解为氢氧磷灰石 $Ca_{10}(PO_4)_6(OH)_2$，或者通过沉淀作用很快生成磷酸二钙并逐步向磷酸八钙、磷酸十钙转化，最终转化为氢氧磷灰石。石灰性土壤中存在的固体碳酸钙，其表面吸附磷酸根离子，使磷酸根离子以单分子层沉淀在 $CaCO_3$ 的表面，形成难溶性化合物而使其固定，且碳酸钙的颗粒愈细，表面积愈大，则吸附量也愈大。

125. 磷肥运移规律及其影响因素有哪些？

灌溉施肥条件下磷素的移动性由众多因子共同影响和决定：①水是最重要的因子，如果没有水的供应，即使在磷含量较高的土壤中，磷也不大可能进行迁移。灌水量大使磷在土壤中的亏缺范围和亏缺强度加大。相反，在灌水量小或土壤干旱时，土壤磷养分的扩散受到抑制，在土体中的移动性下降。②灌溉时间，当施肥量相同时，灌溉时间越长，磷的移动越大；灌溉频率则对磷的移动无显著影响。③土壤质地，磷肥渗透深度为沙壤土＞壤土＞黏土。④磷源，磷的移动性表现为聚磷酸铵＞磷酸一铵＞磷酸二氢钾＞磷酸二铵，滴施聚磷酸铵后根区土壤中磷分布较均匀，磷酸脲和磷酸一铵次之。

水肥一体化滴灌施入磷酸一铵后，磷素在石灰性土壤中的移动和分布特点：①$H_2PO_3^-$ 在土壤中的迁移聚集以对流作用为主导，“对流-吸附控制”型作用机制。②即使在滴灌条件下，$H_2PO_3^-$ 也主要在表层积累，上层土壤的磷含量相对于下层而言增加幅度大。在滴灌施肥点土壤磷富集量最大，随着与灌水器距离的增大而逐渐减少，在0～20 厘米深的施肥区，磷的有效性最高，随剖面深度的增加而逐渐降低。③灌水器流量＞2 升/时（滴灌带或者滴头一个出水点一个小时的出水量）时速效磷可在湿润锋处形成速效磷累积，灌水器流量＜2 升/时时速效磷未出现明显聚集现象，灌溉量及灌水器流量对 $H_2PO_3^-$ 径向运移效果明显。④单次施肥量增加，可增加 $H_2PO_3^-$ 的垂直和径向运移。

126. 常见的钾肥有哪些类型？

作物从土壤中吸收的钾全部是 K^+，钾盐肥料均为水溶性，但也含有某些不溶性成分。土壤中钾以 4 种形态存在：①在云母、含钾长石之类原生矿物的结构组成中存在的钾，这种钾只有在这些矿物分解之后变成 K^+ 才有效。②暂时陷在膨胀性晶格黏粒（如伊利石和蒙脱石）层间的钾，称为缓效钾。③由带负电荷的土壤胶体静电吸附的交换性钾，它可用中性盐（加醋酸铵）置换和提取。④少量在土壤溶液中的可溶性钾。土壤胶体吸附的交换态钾和少量可溶性钾为速效钾。

主要钾肥品种有氯化钾、硫酸钾、磷酸二氢钾、钾石盐、钾镁盐、光卤石、硝酸钾、窑灰钾肥。水溶性肥料生产所需的钾肥主要包括硝酸钾、硫酸钾、氯化钾、磷酸二氢钾、腐植酸钾、氢氧化钾等。硝酸钾：外观白色结晶或细粒状，物理性状良好，是一种生理碱性肥料，能同时提供作物生长所需的硝态氮素和钾素。硫酸钾：纯净的硫酸钾为白色或者淡黄色的菱形或六角形结晶，溶解度远小于氯化钾，不易结块，属于生理酸性肥料。由于硫酸钾的溶解速率较慢，只有速溶性硫酸钾可以做水溶性肥料或原料。氯化钾：白色晶体，为化学中性、生理酸性肥料。目前，很多施肥指南或者国家标准上都要求限制氯的含量，尤其是忌氯作物更不能施用含氯肥料，其实这是一种误解。可对除烟草外的对品质要求严格的作物控制含氯化肥的施用，而合理施用氯化钾对大多数经济作物都没有太大影响。一方面氯离子在土壤中十分活跃、易淋洗；另一方面氯是营养元素，调节细胞渗透压。自然界不存在忌氯作物，而是对氯敏感作物。以色列等农业发达国家的作物生产中都在大量施用氯化钾，对硫酸钾的施用极少。磷酸二氢钾：无色四方晶体，无色结晶或白色颗粒状粉末，磷酸二氢钾被广泛运用于滴灌喷灌系统中。

127. 钾肥从哪里来?

钾与氮不同，与磷类似，主要存在于地壳中。钾在地壳中的平均含量为2.6%，是地壳第七丰富的元素和岩石圈第四丰富的营养元素。全球钾盐资源丰富，但分布不均衡。目前，全球已发现的成钾盆地有30余个，绝大部分为地下固体钾盐，少部分为含钾卤水。

目前，我国可以利用的含钾资源有含钾盐湖卤水、钾石盐矿、明矾石、钾长石、海水等；我国钾矿资源短缺，集中分布在青海察尔汗盐湖和新疆罗布泊盐湖等偏远地区，以盐湖型钾盐矿床为主，而盐湖型钾盐矿床又以卤水钾矿为主，这导致中国钾盐质量低。

128. 目前钾肥常见的生产工艺有哪些?

我国的钾肥施用量正在逐渐提升，我国在钾肥的生产工艺上投资较多并且已经取得一定成果，钾肥的生产工艺主要有以下几类。

（1）氯化钾的生产工艺。氯化钾的生产工艺有多种，但是透膜分离法、萃取法、溶析法以及沉淀法等传统的生产氯化钾的方法危害性较大、流程复杂、对生产设备要求较高，不适合在实际的工业生产中运用。如今常用的生产氯化钾的方法有冷分解浮选生产法、冷结晶浮选生产法、反浮选结晶生产法、热熔生产法及对卤生产法。

（2）硫酸钾的生产工艺。硫酸钾是我国无氯钾肥的主要原料，并且还可以提供植物所需的硫元素。化工生产硫酸钾的方法主要有曼海姆生产法、芒硝生产法及软钾镁矾生产法3种；另外目前新疆罗布泊硫酸钾主要是盐田自然结晶分离生产，被称为水盐体系法硫酸钾。

（3）硝酸钾的生产工艺。硝酸钾是我国常用的钾肥原料，不仅可以为植物补充钾肥而且还可以为植物补充氮肥，在实际生产中主要有复分解生产法、中和法及离子交换法3种方法。

（4）硫酸钾镁肥的生产方法。硫酸钾镁肥是一种多元素钾肥，是一种很重要的复合肥料。生产硫酸钾镁肥的方法主要有无水钾镁矾加工法、盐湖卤水加工法及苦卤生产法。

129. 钾肥对作物生长的影响有哪些?

钾是作物生长的最重要养分，钾能促进酶活化，促进光能利用，进而增强光合作用；钾能改善作物的能量代谢，促进碳水化合物的合成与光合产物的运输，进而促进糖代谢；钾能够促进氮素吸收和蛋白质合成，对调节作物生长、提高作物抗逆性、改善作物品质具有重要作用。

钾是作物的主要营养元素之一，同时也是土壤中常因供应不足而影响作物产量的三要素之一。钾与氮、磷不同，它不是作物体内有机化合物的组成成分，迄今为止，尚未在作物体内发现含钾的有机化合物。钾在作物体内多以离子态存在，而且流动性强，非常活跃，常常是随着作物的生长，向生命活动最旺盛的部位移动。钾的作物生理作用主要有：①钾是许多酶所必需的元素。②钾能明显提高作物对氮素的利用率，并使其很快地转化成蛋白质。③钾能促进作物经济用水。④钾能促进碳水化合物的代谢并加速同化产物流向储藏器官。⑤钾能增强作物的抗逆性，钾素有抗逆元素之称。

对于棉花，施钾处理后，棉株根茎叶干重随着棉株的生长发育与对照的差异也越来越大；缺钾会提高棉花前期的开花率和提早终止其生殖生长；相反，施钾则会延长棉花后期的生殖生长；钾肥的增加，主要是改变了棉铃内源激素系统，调动养分向中、上部棉铃输送，特别是向上部棉铃输送，从而使中、上部棉铃得到充分发育，体积增大，铃重提高，纤维细胞得到进一步伸长，纤维素合成受到促进，成熟度提高。

130. 作物缺钾的症状有哪些?

钾是作物生长不可缺少的重要养分之一。但钾的一个很独特的性质是，它不是作物细胞内有机化合物的组成成分，可是作物体内进行的一切生物化学反应几乎都有它的参与。作物缺钾最初是生长减缓，活力下降，植株矮化，与缺氮植株叶色变淡绿相反，缺钾植株叶色变暗绿。由于钾极易迁移，并优先向幼嫩组织转移，因此进一步缺钾时，较老叶片最先出现明显的缺钾症状。从叶尖和叶缘开始出现带白色、黄色或橙色的褪绿斑点或条纹，并逐渐向脉间组织发展，但叶子的基部仍保持暗绿色，接着褪绿组织发生坏死、干枯、呈烧灼状。严重缺钾时，症状可蔓延到较幼嫩的叶片，最后整株植株死亡。缺钾植株根系发育不良，常常发生腐烂。种子或果实小，不饱满，产量低。产品品质严重下降，特别是蔬菜、果树，纤维作物和烟草的品质受到严重影响。缺钾植株瘦弱，易感染病害，对不良气候条件的抗御力差。

小麦缺钾时，症状特征不明显，主要表现为叶呈黄绿色，叶片变细长，分蘖减少，拔节期叶色淡，茎细长，与缺氮有几分相似，但其分蘖呈横向伸展而与缺氮直向伸展有所不同。玉米缺钾一般以生育中、后期为多。中、下位叶片前端发黄，尖端及边缘干枯呈烧灼状，进入伸长期后节间明显缩短、叶色深浓、叶形变化不大而致株形异常，比例失调；茎秆发育不良，细弱易折断、倒伏。棉花缺钾时，棉株茎秆细弱，叶片变小，根系发育不良，侧根少而且短，呈褐色。当蒸腾作用强烈时，叶片常常萎蔫，呈现瘦旱症状。“棉锈病”是棉花严重缺钾时的症状。开始是较老叶片的叶尖和叶缘上出现带黄色的白斑，并逐渐扩展到叶脉之间的叶组织，叶片变黄绿色。褪绿黄斑中央坏死，形成许多褐斑。叶尖和叶缘焦枯，并逐渐向叶脉之间发展，最后全叶呈红棕色，焦枯脱落。因叶缘缺钾组织失水多，叶片卷曲呈鸡爪状。缺钾棉株由于过早落叶，蕾铃发育不良，容易脱落；棉铃小，常常不能正常吐絮，僵黄花多，纤维短，强度差，品质劣。

131. 钾肥运移规律及其影响因素有哪些?

钾是作物生长发育必需的营养元素，为肥料三要素之一。作物对钾的需求量仅次于氮和磷。施钾后，钾素的运移及分布规律受土壤水分状况、养分状况、土壤黏土矿物类型及电荷密度、土壤酸碱度等因素的影响。

（1）土壤水分状况。常规漫灌条件下，因具有灌水强度大、入渗时间短等特点，土壤孔隙水流速度大，从而使得土壤钾向下运移的时间缩短，土壤钾素更易被淋溶到土壤深层。滴灌条件下，灌水强度小、入渗时间长，灌水量、灌水强度和灌水频率会显著影响土壤中钾素的分布和运移，且其分布和运移取决于土壤颗粒对 K^+ 的吸附作用。

(2) 土壤养分状况。外源钾施入会破坏土壤中钾素的平衡，改变土壤中钾素的浓度，从而影响土壤中钾素形态的相互转化及其土壤养分有效性，进而影响土壤中钾素的迁移和分布。水溶性钾与交换性钾之间的平衡是瞬间发生的，通常在几分钟内即可完成。而交换性钾与非交换性钾之间的平衡完成较慢，需要数天或数月才能完成。无机钾肥完全为水溶性钾，施到土壤中会迅速增加土壤中速效钾和缓效钾的含量，但极易被土壤固定。

(3) 土壤黏土矿物类型及电荷密度。不同土壤类型各种形态钾素的含量不同，而各种形态钾素的含量又取决于土壤黏土矿物类型和黏粒的组成。土壤钾素的含量随着土壤黏粒含量的增加而增加。土壤溶液中的 K^+ 和吸附在土壤表面的 K^+ 处于动态平衡中。K^+ 吸附量除受本身浓度影响之外，还与表面电荷和电位有关。

(4) 土壤酸碱度。土壤 pH 主要是通过影响土壤钾素的固定和释放来改变土壤溶液中钾的浓度，进而影响土壤溶液中钾素的迁移。在酸性土壤中，土壤胶体所带的负电荷少，陪伴离子以 H^+、Al^{3+} 为主，$pH<5.5$ 时，Al^{3+} 和 $Al(OH)_x$ 占优势，与 K^+ 竞争吸附位点，使土壤溶液中钾的浓度升高，不易被固定；在 pH 为 5.8～8.0 时，K^+ 代换 Ca^{2+}、Mg^{2+} 比代换 H^+、Al^{3+} 容易，钾的固定量增加；在碱性条件下，陪伴离子以 Na^+ 为主，K^+ 代换 Na^+ 更加容易，钾更容易被固定。

在已有的水肥一体化滴灌施钾研究结果中，由于碱性土壤颗粒对 K^+ 的吸附作用，K^+ 流动性差，入渗结束后，土壤钾素更易在 0～10 厘米的表层富集，很难运移到垂直方向 30 厘米以下，并且 K^+ 很难到达作物根系集中层，钾的浓度峰值发生在施肥层附近。滴灌施钾，灌水施肥量一定时，随灌水器流量增大，钾素在土壤中的径向运移距离变化不明显，垂直运移距离呈减小趋势；灌水器径向 30 厘米范围内，0～10 厘米土层速效钾浓度增大，15～30 厘米土层速效钾浓度减小。灌水器流量一定，随灌水施肥量的增大，速效钾在土壤中的径向运移距离增大，垂直运移距离变化不明显，灌水器径向 30 厘米范围内 0～30 厘米土层速效钾浓度增大。

132. 什么是植物生物刺激素？

“植物生物刺激素”一词，最初由西班牙格莱西姆矿业公司于1976年提出，但当时并未对生物刺激素进行明确定义，更多的是一种商业概念。直到2007年，Kauffman等将生物刺激素科学定义：一种不同于其他肥料的物质，低浓度应用可以促进植物的生长。

根据《中国中学教学百科全书·化学卷》的定义，植物生长刺激剂又称植物生长调节剂，简称植物激素，指能调节或刺激植物生长的化学药剂，包括人工合成的化合物和从生物体内提取的天然植物激素。植物生长调节剂具有多种功能，主要有：①促进生根、发芽、发育、开花、果实早熟。②控制株型高大发展、侧枝分蘖、果实过早脱落。③增强吸收肥料能力和抗病虫害、抗旱、抗冻、抗盐碱的能力。此外，还可改进果实香型、色泽、提高糖分、改变酸度等。对目标植物选择适当的植物生长调节剂和控制一定用量，就能促进或抑制植物生命过程的某些环节，使之向符合人类需要的方向发展。早在20世纪初，人们就发现了植物体内存在微量天然植物激素，如乙烯、赤霉素等具有控制植物生长发育作用的物质。到20世纪40年代，人工合成了1-萘乙酸等生理效应与植物激素有相似作用的化合物，并陆续加以开发，形成了农药的一个分支。

根据生物刺激剂发展联盟提出的团体标准《生物刺激素——甲壳寡聚糖》（T/CAI 002—2018）中的定义：生物刺激素，源于生物的产品，可以促进或有利于植物体内的生理过程，包括有益于营养吸收，提高营养利用率以及作物品质，通过生物作用诱导植物抗病、抗胁迫能力，并可提高肥料有效成分利用率且无害于生态环境的一类相关物质。

因此，植物生物刺激素主要指源于生物的、能调节或刺激植物生长的从生物体内提取的天然植物激素。

植物生物刺激素是作物生长过程中锦上添花的东西，只有在氮、磷、钾及各种中微肥充分满足作物生长需求的前提下，才能起到增产的作用。有些农民误认为生长激素就是微肥，那是十分错误的。做宣传时应该科学地、全面地向农民交代清楚，不要用生长激素代替微肥和化肥。

133. 肥料中检出植物生长调节剂的标准是什么?

《肥料中植物生长调节剂的测定　高效液相色谱法》(GB/T 37500—2019）适用于水溶肥料、复合肥料、复混肥料、掺混肥料等肥料中复硝酚钠、2，4-二氯苯氧乙酸、脱落酸、萘乙酸、氯吡脲、烯效唑、吲哚丁酸、吲哚-3-乙酸等8种植物生长调节剂的含量测定。

主要检测方法为：试样用甲醇进行超声提取，在选定的工作条件下，用高效液相色谱仪（配有二极管阵列检测器）进行测定，以保留时间定性，用外标注法定量。

标准中目标物的检出限和定量限分别为：复硝酚钠为3毫克/千克和10毫克/千克，2，4-二氯苯氧乙酸（2，4-滴）为5毫克/千克和10毫克/千克，脱落酸、萘乙酸、氯吡脲、烯效唑均为3毫克/千克和10毫克/千克，吲哚-3-乙酸、吲哚丁酸均为5毫克/千克和10毫克/千克。

134. 如何通过包装识别肥料?

根据《肥料标识、内容和要求》（GB 18382—2001），建议通过以下几步快速、简易识别肥料真伪。

(1）看产品通用名称、执行标准和登记证号。包装正面必须标明产品通用名称、执行标准和登记证号。如大量元素水溶肥产品，产品通用名称必须是“大量元素水溶肥料”，执行标准必须是《大量元素水溶肥料》(NY 1107—2020)，如果包装上未出现或者标注不准确则视为不合格产品。如果标注完备依然对产品有怀疑，可以在网上根据其肥料登记证号查询产品登记信息，登记信息包括：生产企业名称、产品技术指标、适用作物、发证日期和有效期。

(2）看养分含量。包装袋正面应标明单一养分含量和总养分含量，不得将其他元素或化合物计入总养分。单一养分含量应以配合式（氮-磷-钾的方式）分别标明总氮、有效五氧化二磷、氧化钾的百分含量，如：6-12-42，其总养分应标注为：总养分≥60%。其中单一养分含量不能低于4%，三者之和不能低于50%，若在包装袋上看到大量元素其中一种标注不足4%的，或三者之和不足50%的，说明此类产品不符合登记要求。

（3）看中（微）量元素和重金属含量。按照产品登记标准要求，大量元素水溶肥料产品必须添加中（微）量元素，对含量有明确要求而且规定必须在包装袋明示元素种类及含量，其中大量元素水溶肥料产品（固体中量元素型）中量元素含量≥1%，大量元素水溶肥料产品（固体微量元素型）微量元素含量在0.2%～3.0%。另外，产品执行标准对重金属（汞、砷、铅、镉、铬）离子含量有限量要求而且规定必须在包装袋上明示。

（4）看商品名称。如果看见“高效×××”“××肥王”“全元素××肥料”等字样，说明产品有夸大性质的宣传，建议按照前3步判断后慎重选择。

135. 什么是绿肥？

以新鲜绿色植物体为肥源的一种有机肥。栽培的绿肥作物多属豆科，含有多种营养成分和大量有机质。施用绿肥是把用地和养地结合起来的一项有效措施，具有工时省、成本低的优点。有的绿肥作物还可兼作饲料和蜜源植物。我国利用绿肥的历史悠久。我国南方雨水多、温度高，绿肥作物生长期长，绿肥耕翻后腐烂较快，经济效果好，故种植较为普遍。一般采用间作、套种、混播方式种植。在北方，也常采用间作、套种等方式或利用荒坡瘠地种植绿肥作物。

从不同角度出发可将绿肥划分为不同类型：①按来源划分为野生绿肥和栽培绿肥。②按植物学科划分为豆科绿肥和非豆科绿肥。豆科绿肥有草本植物，也有木本植物；非豆科植物主要利用叶片和嫩枝。③按生长季节划分为冬季绿肥、夏季绿肥、春季绿肥和秋季绿肥。冬季绿肥多为秋季或初冬播种，翌年春季或夏季利用，有一半以上生长期在冬季度过，如紫云英、金花菜、苕子等。夏季绿肥多为春季或夏季播种，初秋利用，有一半以上生长期在夏季，如柽麻、田菁、绿豆等。春季绿肥为早春播种，仲夏前利用，有一半以上生长期在春季，如麦田套种草木樨等。秋季绿肥为夏季和早春播种，冬前翻压利用，生长期主要在秋季，如秋播的柽麻、豇豆等。④按生长周期划分为一年生绿肥、越年生绿肥和多年生绿肥。如绿豆、田菁、紫云英、苕子等为一年生或越年生绿肥；紫花苜蓿、紫穗槐、胡枝子、沙打旺、葛藤和蝴蝶豆等为多年生绿肥。⑤按绿肥的施用对象划分为稻田绿肥，棉田绿肥，麦田绿肥，果园、茶园、桑园绿肥及热带经济林木绿肥。⑥按生长环境可区分为旱生绿肥和水生绿肥。旱生绿肥主要指种植在陆地上的绿肥。水生绿肥指生长在水中的绿肥，如红萍、凤眼蓝等。

五、水肥一体化技术

136. 水和肥是什么关系？

俗话说："有收无收在于水，收多收少在于肥。"水分和养分是作物生长发育过程中的两个重要因子，也是当前可调控的两大技术因子。根系是作物吸收养分和水分的主要器官，也是养分和水分在作物体内运输的重要部位；作物根系对水分和养分的吸收虽然是两个相对独立的过程，但水分和养分对作物生长的作用却是相互制约的，无论是水分亏缺还是养分亏缺，对作物生长都有不利影响。这种水分和养分对作物生长相互制约和耦合的现象，特别是在农田生态系统中，水分和肥料两个体系融为一体，或水分与肥料中的氮、磷、钾等因子之间相互作用而对作物的生长发育产生的现象或结果（包括协同效应、叠加效应和拮抗效应），被称为水肥耦合效应。

水肥一体化的理论基础简单地归结起来就是作物生长离不开水肥，水肥对作物生长同等重要，根系是吸收水肥的主要器官，肥料必须溶于水才能被根系吸收，施肥亦能提高水分利用率，水或肥亏缺均对作物生长不利；将灌溉与施肥两个对立的过程同时进行，并融合为一体，实现了水肥同步、水肥高效。

137. 什么是水肥一体化？

水肥一体化技术在干旱缺水以及经济发达国家的农业中已得到广泛应用，在国外有一特定词描述，叫"fer - tigation"，即由"fertilization（施肥）""irrigation（灌溉）"两个词组合而成，意为灌溉和施肥结合的一种技术。国内根据英文字意翻译成"灌溉施肥"

“加肥灌溉”“水肥耦合”“水肥一体化”“随水施肥”“肥水灌溉”“管道施肥”等多种叫法。概念：水肥一体化是利用管道灌溉系统，将肥料溶解在水中，同时进行灌溉与施肥，适时、适量地满足农作物对水分和养分的需求，实现水肥同步管理和高效利用的节水农业技术。狭义上讲，就是将肥料溶入施肥容器中，并随同灌溉水顺管道经灌水器进入作物根区的过程叫作滴灌随水施肥，国外称灌溉施肥（fertigation），即根据作物生长各个阶段对养分的需要和土壤养分供给状况，准确将肥料补加和均匀施在作物根系附近，并被根系直接吸收利用的一种施肥方法。通常，与灌溉同时进行的施肥，是在压力作用下，将肥料溶液注入灌溉输水管道而实现的。溶有肥料的灌溉水，通过灌水器（喷头、微喷头和滴头等），将肥液喷洒到作物上或滴入根区。广义上讲，就是把肥料溶解后施用，包含淋施、浇施、喷施、管道施用等。扩展开来讲，就是灌溉技术与施肥技术的融合，包括水肥耦合技术、水肥药一体化技术以及叶面肥施用等（图16、图17）。

图16　大田作物水肥一体化首部控制与施肥系统

图17　设施作物水肥一体化首部及管网

138. 水肥一体化应遵循的基本原则是什么？

（1）水肥协同原则。综合考虑农田水分和养分管理，使两者相互配合、相互协调、相互促进。

（2）按需灌溉原则。水分管理应根据作物需水规律，考虑施肥与水分的关系，运用工程设施、农艺、农机、生物、管理等措施，合理调控自然降水、灌溉水和土壤水等水资源，满足作物水分需求。

（3）按需供肥原则。养分管理应根据作物需肥规律，考虑农田用水方式对施肥的影响，科学制定施肥方案，满足作物养分需求。

（4）少量多次原则。按照肥随水走、少量多次、分阶段拟合的原则制定灌溉施肥制度；根据灌溉制度，将肥料按灌水时间和次数进行分配，充分利用灌溉系统进行施肥，适当增加追肥数量和追肥次数，实现少量多次施肥，提高养分利用率。

（5）水肥平衡原则。根据作物需水需肥规律、土壤保水能力、土壤供肥保肥特性以及肥料效应，在合理灌溉的基础上，合理确定氮、磷、钾和中、微量元素的适宜用量和比例。

139. 水肥一体化较常规灌溉、施肥发生的四个核心转变是什么？

应用水肥一体化技术，较常规灌溉、施肥，我们在理念上需要以下转变。

（1）浇地转变为浇庄稼。根系是作物吸收养分和水分的主要器官，滴灌水肥一体化使得作物呈极不对称的“马尾巴型”；加上为了适应滴灌水肥供应，作物栽培模式逐步改变为不等行栽培。这就使得水肥一体化条件下不是所有土壤中都有根系分布，而作物吸收水肥的器官主要是根系，因此水肥一体化的第一个理念转变就是围绕作物根系分布区域，为作物进行灌溉，应该是浇作物，不再是浇地。

（2）土壤施肥转变为作物施肥。由于作物根系分布范围的变化及水肥一体化养分供应方式的转变，根系相对集中，施肥更加便捷，因此水肥一体化应该改变传统的一炮轰、全层施肥、大量施用基肥的理念，逐步转变为按照作物生育期进行水肥管理。

（3）渠道输水转变为管道输水。水肥一体化多数为承压灌溉，不管滴灌还是喷灌都需要压力才能将水肥均匀地分布在相应的位置；水往低处流，水往低处流动的过程是能量损失的过程，管道输水为水肥一体化保存了自然的能量；同时管道输水为灌水器提供了较为干净的水源。

（4）水肥分开转变为水肥一体。传统农业灌溉和施肥是两个独立的过程，水肥一体化将灌溉和施肥合二为一，在同一次灌溉施肥中完成，通过同一个灌水器进入相同的土壤位置，实现了水肥一体。

140. 水肥一体化有哪些类型？

水肥一体化的前提条件就是把肥料先溶解，然后通过水肥结合的方式施用，如叶面喷施、挑担淋施和浇施、拖管淋施、喷灌施用、微喷灌施用、滴灌施用、树干注射施用等。水肥一体化根据不同划分依据有不同的类型。

根据控制方式分为：①传统水肥一体化技术。将可溶肥料溶解到水里，使用棍棒或机械搅拌，通过田间放水灌溉或田间管道，更进一步的还有通过添加的滴灌或微喷灌等装置使肥料均匀地进入田间土壤中，被作物吸收利用。②现代水肥一体化技术。通过实时自动采集作物生长环境参数和作物生育信息参数，构建作物与环境信息的耦合模型，智能决策作物的水肥需求，通过配套施肥系统，实现水肥一体精准施入。

根据作物类型分为：①大田作物水肥一体化技术。②设施与蔬菜水肥一体化技术。③林果水肥一体化技术。④草地及草坪水肥一体化技术等。

根据灌溉方式分为：①滴灌水肥一体化技术。滴灌是指按照作物需水规律，通过低压管道系统与安装在毛管上的灌水器，将水和作物需要的养分一滴一滴、均匀而又缓慢地滴入作物根区土壤中的灌水方法。②喷灌水肥一体化技术。喷灌是利用机械和动力设备给水加压，将有压力的水送到灌溉地段，通过喷头喷射到空中散成细小的水滴，使其均匀地洒落在地面的一种灌溉方式。③微喷灌水肥一体化技术。是指通过施肥设备把肥料溶液加入微喷灌的管道中，随着灌溉水分均

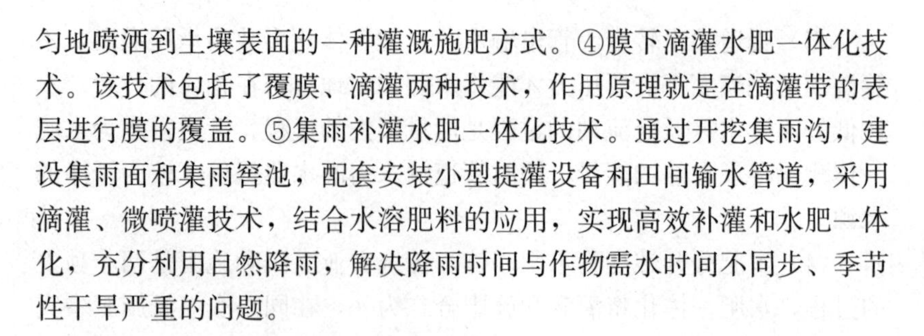

匀地喷洒到土壤表面的一种灌溉施肥方式。④膜下滴灌水肥一体化技术。该技术包括了覆膜、滴灌两种技术，作用原理就是在滴灌带的表层进行膜的覆盖。⑤集雨补灌水肥一体化技术。通过开挖集雨沟，建设集雨面和集雨窖池，配套安装小型提灌设备和田间输水管道，采用滴灌、微喷灌技术，结合水溶肥料的应用，实现高效补灌和水肥一体化，充分利用自然降雨，解决降雨时间与作物需水时间不同步、季节性干旱严重的问题。

141. 水肥一体化的技术优势有哪些?

与常规施肥方法比较，水肥一体化技术有以下几个方面的优势。

（1）水肥一体化普遍助力作物增产。在新疆，滴灌棉花籽棉单产普遍比沟灌增加 51 千克，增产 17%。2006—2020 年 15 年间，新疆生产建设兵团 8 次打破我国玉米高产纪录，从 17 175.3 千克/公顷一直增加到 24 948 千克/公顷；2012 年新疆平均玉米产量为 6 915 千克/公顷，较全国平均增产 1 050 千克/公顷。新疆滴灌水肥一体化小麦平均产量达 6 450 千克/公顷，比地面灌小麦普遍增产 1 200～1 800 千克/公顷。

（2）提高作物水分利用率。目前新疆滴灌小麦在 7 500～90 00 千克/公顷产量水平，生育期间田间灌溉定额由原来漫灌的 6 300～6 700 米^3/公顷，减少到 4 500～4 800 米^3/公顷，节水 25%～30%；滴灌玉米在 15 000～18 000 千克/公顷产量水平，生育期间田间灌溉定额由原来漫灌的 7 200～9 000 米^3/公顷，减少到 4 200～5 400 米^3/公顷，节水 40%左右。

（3）提高肥料利用率。滴灌小麦氮、磷、钾的利用率分别较漫灌条件下常规施肥提高 30%、18%、10%以上，整体节肥达 20%～30%；滴灌玉米氮、磷、钾的利用率分别较漫灌条件下常规施肥提高 20%、10%、15%以上，整体节肥达 15%～25%；棉田的氮肥当季利用率可提高到 65%以上，磷肥当季利用率可提高到 24%以上。

（4）减少机械作业，抑制杂草生长，提高土地利用率，提升劳动生产率。实施滴灌水肥一体化种植，减少了开沟修毛渠、中耕、化控、打药等机耕作业环节和次数，农机作业量节省 15%左右；滴灌水通过过滤器进入管道被传输到田间，杜绝了渠道输水过程中草种的传播，因滴灌属于局部灌溉，作物行间始终比较干燥，从而有效抑制了杂草种子的萌发和生长。滴灌改变了劳动田管制度，减少了锄草、打埂、修毛渠等作业，降低了农民的劳动强度，提高了劳动效率，节省劳务30%以上，整体上提升了职工的管理定额，以植棉为例，常规灌溉种植每个劳动力只能管理2公顷左右，采用滴灌每个劳动力可管理4～6公顷，提高2～3倍。另外，滴灌田采用管道输水，田间不需修斗、农、毛渠及田埂，节约了土地，土地利用率提高5%～7%；水量一定，应用滴灌水肥一体化技术的灌溉面积是常规灌溉的1.5倍左右，灌溉保证率提高15%以上；滴灌水肥一体化技术可及时补给土壤水肥，使作物出苗整齐集中，促苗早发，作物生长健壮，有利于作物的高产优质。

（5）提升社会生产效益。据新疆生产建设兵团统计，滴灌较常规灌溉每公顷增加纯收入分别为：棉花5 280元，加工番茄10 713元，小麦2 970元，玉米6 000元。

（6）提高生态生产效益。新疆生产建设兵团实施大面积滴灌节水后，年节水量达12亿米^{3}以上，在有效灌溉农田的同时，防护林及草地灌溉面积及灌溉质量得到了提升，有效灌溉林、草、园林（含饲草饲料）面积迅速扩大，耕地风沙灾害明显减少，井灌区地下水位大幅度下降的现象得到了有效控制，农林牧草复合型农业生态系统初具规模。

142. 水肥一体化在我国经历了哪些发展阶段?

我国滴灌（水肥一体化）技术的发展，可分为四个阶段。第一个阶段，1975—1980年，尝试阶段。1975年陈永贵副总理从墨西哥引进两套滴灌设备；1977年，新疆农垦科学院魏一谦等专家开展了园艺作物滴灌技术的试验研究，并进行了示范。但受当时经济、国有技术以及价格昂贵的进口设备等因素的限制，滴灌技术的研究与应用进展缓慢。第二个阶段，1981—1995年，引进与研究阶段。20世纪80年代，部分单位在温室大棚的蔬菜和花卉上开展了滴灌器材的研究和应用试验；1996年，新疆生产建设兵团引进了以色列成套滴灌设备，在新疆生产建设兵团第八师121团大田作物上进行了试验示范和滴灌器材的国产化研究，取得了突破性进展，为大田作物应用滴灌技术奠定了物质基础。第三个阶段，1996—2005 年，国产化与示范阶段。1998 年以后，新疆生产建设兵团开展了棉花膜下滴灌的需水规律、灌溉制度、滴灌施肥、机械化作业及相关配套高产栽培技术的试验研究，并对进口滴灌设备、器材进行了吸收、消化、改进和创新，取得了一批具有自主知识产权的滴灌设备及器材生产技术，完善了田间设计及相关农艺配套技术，大田棉花膜下滴灌蓬勃发展。到 2005 年新疆生产建设兵团滴灌面积发展到 500 万亩，并开始向我国其他干旱区辐射。第四个阶段，2006 年以后，规模化发展阶段。"十一五"以来，应用滴灌的作物由棉花增加到加工番茄、玉米、小麦、甜菜、向日葵等，而且应用地域范围逐步扩大，由新疆逐步向西北、华北、东北等地推广。截至 2013 年底全国节水灌溉工程面积达到 4.07 亿亩，滴灌面积 5 785 万亩，占节水灌溉工程面积的 14%；其中 2013 年滴灌面积净增 945 万亩；新疆（包括新疆生产建设兵团）已推广了 3 800 万亩，目前约有 59%的面积采用滴灌随水施肥技术（新疆生产建设兵团达到 95%以上）。2002 年农业部开始组织实施旱作节水农业项目，建立水肥一体化技术核心示范区，集中开展试验示范和技术集成。2012 年，国务院印发《国家农业节水纲要（2012—2020）》，强调积极发展水肥一体化。农业部（现农业农村部）下发《关于推进农田节水工作的意见》和《全国农田节水示范活动工作方案》，将水肥一体化列为主推技术，强化技术集成和示范展示；2013 年农业部还印发了《水肥一体化技术指导意见》。

143. 什么是精准水肥一体化技术？

推广使用水肥一体化技术是解决水肥利用率低下问题的重要途径。要在水肥一体化的基础上结合智能的土壤监测、气象监测和人工智能技术，结合对作物生长动态的监测及作物生长区域气象要素的实时状况和精准预测，建立适合本地的智能灌溉系统，按作物需水规律进行灌溉，以水带肥，实现精准水肥一体化。智能灌溉系统必不可少的是大数据和人工智能技术，而这一切的前提是可靠的、海量的、针对性强的本地数据，这些数据应该由性能可靠、使用简便的监测设备实时采集获得，最终由客观且专业的大脑即智能灌溉控制器去分析、执行，同时基于反馈进行自我修正和衍进。灌溉的真正对象是作物而不是土壤，要把最宝贵的水肥资源精准地灌溉到作物的吸水活跃区即根毛区。因此，实现真正的智能灌溉的第一步是全方位、多维度地现场感知，为按需灌溉提供依据。按需灌溉则离不开现场感知和本地的生态大数据。现场感知土壤水分及其变化、地表地下温度、作物活跃根系位置及比例、气象数据等诸多对作物需水及生产环境产生影响的因素。第二步是人督导下的智能及大数据决策、执行机制。通过对水分数据、气象数据的综合分析处理，自动为每个拥有智能参照点的轮灌组制定灌溉决策。是否需要灌溉？灌溉时间是多久？第三步是深层反馈学习，自我修正、自我衍进。分析入渗速率、提供灌溉反馈，系统自动优化灌溉定额、灌溉周期等灌溉参数；与控灌溉设备实时连接，实现自动监测、计量、评估灌溉和施肥等功能。

144. 水肥一体化灌溉工程有哪些分类?

灌溉工程的建设应以增加农民收入及保障粮食安全为前提，是水肥一体化发展的核心。下面将分类介绍主要的水肥一体化灌溉工程。

（1）滴灌水肥一体化工程。该工程是利用塑料管道将水通过直径为10毫米及以上的毛管上的孔口或灌水器送到作物根部进行局部灌溉。这是目前干旱缺水地区最有效的一种节水灌溉方式，水分利用率可达95%。滴灌较喷灌具有更高的节水增产效果，同时可以结合施肥，提高肥效一倍以上。适用于果树、蔬菜、经济作物以及温室大棚灌溉，在干旱缺水的地方也可用于大田作物灌溉。其不足之处是滴头易结垢和堵塞，因此应对水源进行严格的过滤处理。

（2）水窖滴灌水肥一体化工程。该工程是通过雨水集流或引用其他地表径流到水窖（或其他微型蓄水工程）内，再配上滴灌以解决干旱缺水地区的农田灌溉问题。它具有结构简单、造价低、家家户户都能采用的特点。对于干旱贫困山区实现每人有半亩到一亩旱涝保收农田、解决温饱问题和发展庭院经济有重要作用，应在干旱和缺水山区大力推广。

（3）地下滴灌水肥一体化工程。该工程是把滴灌管埋入地下作物根系活动层内，灌溉水通过微孔渗入土壤供作物吸收。有的地方在塑料管上隔一定距离钻一个小孔，埋入地下植物根部附近进行灌溉，俗称“渗灌”。地下滴灌具有蒸发损失少、省水、省电、省肥、省工和增产效益显著等优点，果树、棉花、粮食作物等均可采用；其缺点是当管道间距较大时灌水不够均匀，在土壤渗透性很大或地面坡度较陡的地方不宜使用。

（4）膜上灌、膜下灌水肥一体化工程。用地膜覆盖田间的垄沟底部，引入的灌溉水从地膜上面流过，并通过膜上小孔渗入作物根部附近的土壤中进行灌溉，这种方法称作膜上灌，在干旱地区已大面积推广。采用膜上灌，深层渗漏和蒸发损失少，节水显著，在地膜栽培的基础上不需要增加材料费用，并对土壤起到增温和保墒作用。在干旱地区可将滴灌管放在膜下，或利用毛管通过膜上小孔进行灌溉，称作膜下灌。这种灌溉方式既具有滴灌的优点，又具有地膜覆盖的优点，节水增产效果更好。

（5）喷灌水肥一体化工程。该工程是利用管道将有压水送到灌溉地段，并通过喷头分散成细小水滴，均匀地喷洒到田间，对作物进行灌溉。它作为一种先进的机械化、半机械化灌水方式，在很多发达国家已被广泛采用。常用的喷灌有管道式、平移式、中心支轴式、卷盘式和轻小型机组式。

（6）微喷水肥一体化工程。微喷是新发展起来的一种微型喷灌形式。它是利用塑料管道输水，通过微喷头喷洒进行局部灌溉的。它比一般喷灌更省水，可增产30%以上，能改善田间小气候，可结合施用化肥，提高肥效；主要应用于果树、经济作物、花卉、草坪、温室大棚等的灌溉。

145. 滴灌水肥一体化系统的组成部分有哪些？

滴灌施肥系统主要由水源工程、首部枢纽工程（包括水泵及配套动力机、过滤系统以及施肥系统）、输配水管网（输水管道和田间管道）、滴头4部分组成。

滴灌水肥一体化首部系统

（1）水源工程。滴灌系统的水源可以为河流、湖泊、池塘、水库、水窖、机井、泉水、沟渠等，但水质必须符合灌溉（滴灌）水质的要求，由于这些水源经常不能被滴灌施肥系统直接利用，或流量不能满足滴灌的要求，因此，要修建一些配套的引水、蓄水或提水工程，即水源工程。水源工程一般是指为从水源取水进行滴灌而修建的拦水、引水、蓄水、提水和沉淀工程以及相应的输水配电工程。

（2）首部枢纽工程。主要由动力机、水泵、施肥装置、过滤设施、安全保护及其测量控制设备（如控制阀门、进（排）气阀、压力表、流量计等）组成，其作用是从水源中取水加压，并注入肥料（或农药等）经过滤后按时、按量输送到输配水管网中，并通过压力表、流量计等测量设备监测系统情况，承担整个系统的驱动、监测和调控任务，是全系统的控制调配中枢。

（3）输配水管网（输配水管道）。输配水管网的作用是将首部枢纽处理过的水、肥按照计划要求输送、分配到每个滴水、施肥单元和滴水器（滴灌带、滴头）。滴灌施肥系统的输配水管道一般由干管、支管和毛管等三级管道组成，毛管是滴灌系统的末级管道，其中安装灌水器（即滴灌带、滴头）。滴灌系统中直径小于或等于63毫米的管道，一般用聚乙烯（PE）管材，大于63毫米的一般用聚氯乙烯（PVC）管材。田间灌溉系统分为支管和辅管两种灌溉系统：①支管灌溉系统为“干管＋支管＋毛管”。②辅管灌溉系统为“干管＋支管＋辅管＋毛管”。

（4）灌水器。它是滴灌系统的核心部件。灌水器是通过流道或孔口（孔眼）将毛管中的压力水变成水滴或细流的装置，其要求工作压力为50～100千帕，流量为1.0～12升/时，流经各级管道进入毛管，经过滴头流道的消能及调解作用，均匀、稳定地滴入土壤作物根层，以一个恒定的低流量滴出或渗出以后，在土壤中向四周扩散，满足作物对水肥的需求。滴头是滴灌系统中最重要的设备，其性能、质量的好坏直接影响滴灌施肥系统的可靠性及滴水、施肥的优劣。

146. 灌溉水源选择及注意事项有哪些？

滴灌滴头和管道在日常使用中经常堵塞，除了部分使用者专业技能不到位和日常养护不当外，其主要原因是对灌溉水源水质的要求不严格。长期使用劣质水源进行滴灌，不仅会造成滴灌滴头和管道的堵塞，使滴灌系统不能正常运转，还会造成农田土壤土质恶化、肥力降低，导致农作物质量和产量低下，威胁国家粮食安全及人类健康。标准的滴灌水源水质应符合以下几点要求。

（1）水温。灌溉水的水温不能过高也不能过低。据统计，一般农作物正常生长的适宜水温为16～30℃，所以灌溉水温要基本符合这个要求，过高或过低对农作物的生长都有影响。

（2）水体杂质。水体中泥沙、杂草、悬浮物及化学沉淀物等过多，会直接导致滴灌管道和滴头堵塞，长期累积会使整个滴灌系统崩溃，造成经济损失。同时若水体中悬浮物浓度过高，还会造成土壤气孔堵塞，降低土壤通透性，使作物根系难以获得足够的氧气而生长缓慢。通常灌溉水进入滴灌系统之前要进行过滤，保证水体清澈，以避免上述问题的出现。

（3）水体pH。一般农业生产中灌溉用水的pH要控制在5.5～8.5。由于污染或地质原因，我国部分地区水体pH超标，不能直接用于农田灌溉，需要进行调节，使其达到农业生产允许的范围方可使用，否则会影响农作物生长，还会对滴灌带和灌水器有损害。

（4）大肠菌群。大肠菌群指标能表示水体受到人类排泄物污染的程度和水质的安全程度，国家灌溉水标准规定大肠菌群在每升水中小于1万个。

147. 灌溉首部组成及首部主要设备选择的依据是什么？

首部过滤系统

滴灌系统的首部枢纽包括动力机、水泵、变配电设备、施肥药装置、过滤设施和安全保护及量测控制设施。其作用就是从水源取水加压，并加入肥料和农药，经净化处理，担负着整个滴灌系统的加压、供水（肥、药）、过滤、量测和调控任务，是全系统的控制调配中心。

（1）水泵及配套动力机。滴灌系统中常用的动力机主要以电动机为主；滴灌常用的水泵主要有离心泵和潜水泵两种。根据水源及基础设施的条件不同选择相应的灌溉水泵及动力机。水源为地表水，有电条件选择电动机+离心水泵，无电条件选择柴油发电机+电动机+离心水泵或柴油机+离心水泵；水源为地下水选择潜水泵。水泵选型的基本原则：一是在设计扬程下，流量满足滴管设计流量要求；二是在长期运行过程中，水泵的工作效率要高，而且以经常在最高效率点的右侧运行为最好；三是便于运行管理。

（2）过滤系统。根据水源及水质的不同选择相应的过滤设备。离心式过滤器的主要作用是滤去水中大颗粒高密度的固体颗粒，为达到应有的水质净化效果，必须保证灌溉系统的流量变化在其工作范围内。砂石过滤器的主要作用是滤除水中的有机质、浮游生物以及一些细小泥沙的颗粒。灌溉用水为地表水、水质较好且水泵为离心泵时，一般采用无压反冲洗过滤器（安装在吸程管末端）。灌溉用水为地表水且水质较差，一般采用砂石过滤器+网式过滤器/叠片过滤器。灌溉用水为地下水，一般采用离心过滤器+网式过滤器/叠片过滤器。

（3）施肥、药系统。滴灌施肥的效率取决于肥料罐的容量、用水稀释肥料的稀释度、稀释度的精确程度、装置的可移动性以及设备的成本及其控制面积等；化肥及农药注入装置和容器应安装于过滤器前面，以防未溶解的化肥颗粒堵塞滴水器。化肥的注入方式有三种：第一种是用小水泵将肥液压入干管；第二种是利用干管上的流量调节阀所造成的压差，使肥液注入干管；第三种是射流注入。常见的将肥料加入滴灌系统的方法可分为重力自压施肥法、泵吸肥法、泵注肥法、旁通罐施肥法、文丘里施肥法、比例施肥法等。

（4）安全保护及量测控制设施。量测设施主要指流量、压力测量仪表，用于首部枢纽和管道中的流量和压力测量。过滤器前后的压力表反映过滤器的堵塞程度。水表用来计量一段时间内管道的水流总量或灌溉水量。选用水表时以额定流量大于或接近设计流量为宜。控制设施一般包括各种阀门，如闸阀、球阀、蝶阀、流量与压力调节装置等，其作用是控制和调节滴灌系统的流量和压力。保护设施用来保证系统在规定压力范围内工作，消除管路中的气阻和真空等，一般有进（排）气阀、安全阀、逆止阀、泄水阀、空气阀等（图 18、图 19）。

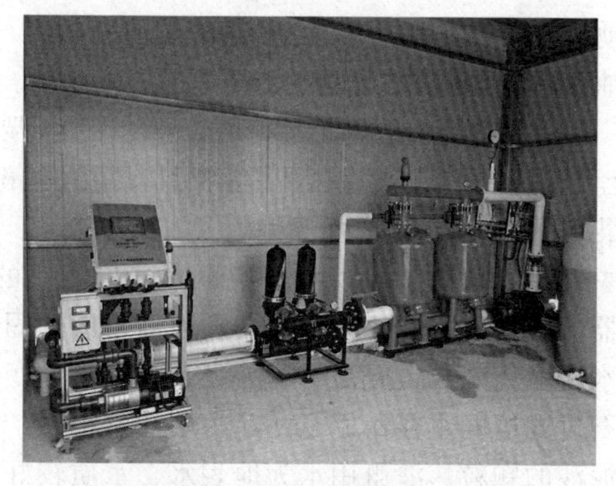

图 18　水肥一体化首部过滤与控制设备

图 19　水肥一体化工程中阀门的应用

148. 过滤器的类型及其工作原理是什么？

一个网式过滤器的诞生
——菲利特

过滤器的主要类型有：离心过滤器、砂石过滤器、叠片式过滤器和网式过滤器 4 种，这 4 种过滤器除离心过滤器不能独立应用以外，其他 3 种可独立也可组合搭配成过滤系统。

（1）离心分离器是利用离心力加沉降原理把微灌水源中含有的沙石固体颗粒分离出来，使水质得到初步净化。在工业生产中，离心分离器用来对颗粒分级、浓缩和脱泥沙，而在农业微灌中主要用来脱泥沙，由于其结构简单，本身没运动部件，在合理的设计使用条件下有一定的分离效果（图 20、图 21）。

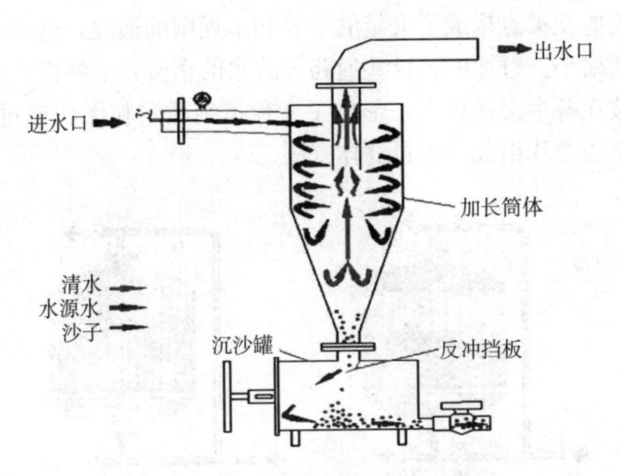

图 20　离心过滤器工作原理图

图 21　离心式过滤器田间应用状况

（2）砂石过滤器又称石英砂过滤器、砂滤器，它是通过将均质等粒径石英砂形成砂床作为过滤载体进行立体深层过滤的过滤器，常用于初级过滤（图 22）。

（3）叠片式过滤器又叫盘式过滤器，它由一组双面带不同方向沟槽的塑料盘片相叠加构成，其相邻面上的沟槽棱边形成许许多多的交叉点，这些交叉点构成了大量的空腔和不规则的通路，这些通路由外向里不断缩小。过滤时，这些通路导致水的紊流，最终促使水中的杂质被拦截在各个交叉点上，形成了无数道杂质颗粒无法通过的网孔，层叠起来的叠片组成一个过滤体（图 23）。

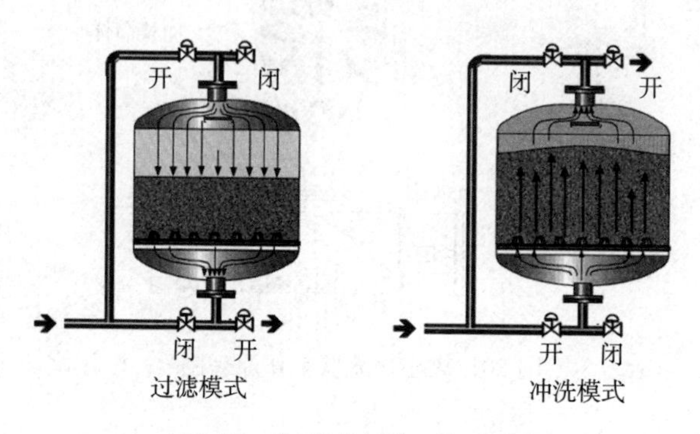

图 22　砂石过滤器工作原理图

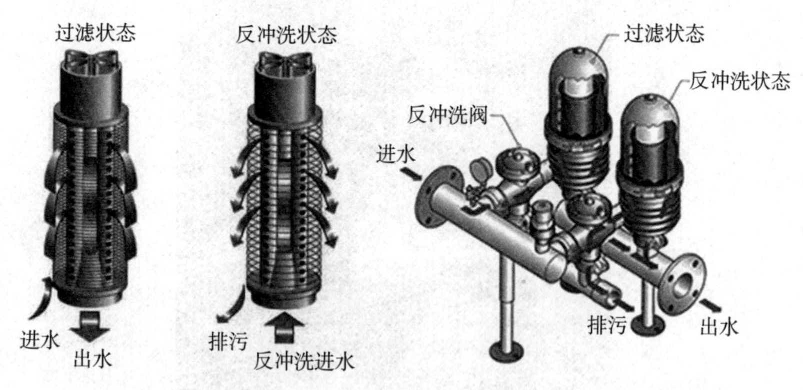

图 23　叠片式过滤器工作原理图

（4）网式过滤是一种非常传统的过滤器，也是应用最广泛的一种过滤器。用丝、条、棒或板通过编织、焊接、打孔和烧结等加工工艺，加工成具有一定精度的孔、缝隙的过滤介质体，常见的有编织网、楔形金属丝网、激光打孔网和烧结板网等。这类过滤介质体又被通过不同的工艺加工成板框式、筒体式、锥体式等形式，配合固定滤网的壳体、密封组件或加清洗装置组成网式过滤器（图 24）。

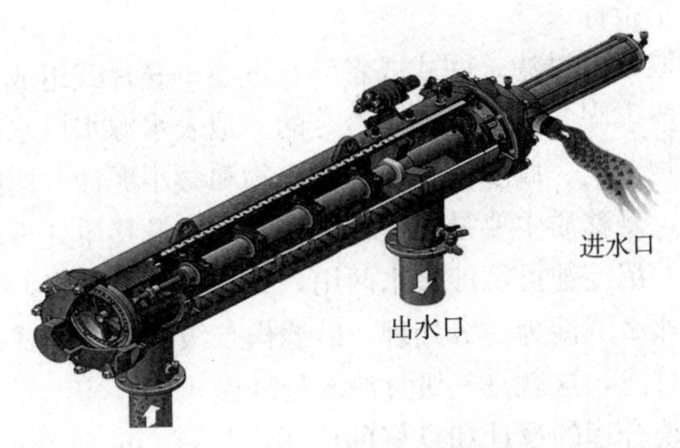

图 24　网式过滤器工作原理图

149. 过滤器的选择依据及其注意事项有哪些？

灌溉的水源主要有两种水源，分为地下水和地表水。地下水也就是井水，而地表水如江、河、湖泊、水塘、沟渠等。从上述内容来看，地表水水源多种多样，来源也不同，所以水质差别非常大。井水水源灌溉简单，只需要配置离心＋网式或者离心＋叠片式过滤模式就可以。地表水过滤处理是本书讲的重点，地表水作水源的节水灌溉过滤系统过滤器选型难度相对较大，主要原因是水源不同，水质变化大，简单配置容易造成应用时问题多，另外操作管理难度大，也是应用中出现问题最多的一个环节。

对节水灌溉的过滤系统，从使用效果来讲，推荐使用全自动控制形式的过滤系统，如果人工控制会非常麻烦，也影响使用效果。地表水过滤系统按经验设计时，多数设计为砂石过滤＋网式过滤或者砂石过滤＋叠片式过滤，这两种设计选型基本上能满足节水灌溉的过滤选型和要求，也是最常用的模式。在节水灌溉设计以地表水作水源时有个基础指标，就是水源含悬浮物超过 10 毫克/升时，必须采用多级过滤，并且砂石过滤在前，网式或叠片过滤在后。这样设计的主要原因是用二级过滤来分散负荷，由砂滤拦截以有机物为主的悬浮质，当负荷过重、悬浮质粒径过小，穿透过砂滤的杂质由第二级作保护过滤。地表水源水质当悬浮质杂超过 10 毫克/升时必须选用砂石过滤器，而 10 毫克/升仅是个下限指标，没有上限指标，真实的地表水水质 95%

以上超过这个指标。

是否选取砂石过滤+网式或者砂石过滤+叠片式组成二级过滤就能满足滴灌要求呢？答案当然是否定的。地表水源水质水体中，有悬浮质的有机物藻类、胶质体，也有微生物和微小泥沙，同时也会有大量的悬移质，悬移质主要是无机物类泥沙。对悬移质处理的方式需要引入沉淀池。沉淀池可沉淀蓄水两用，并且要设计得当，否则起到的作用很小。那么沉淀为一级处理，砂滤作二级过滤，网式或者叠片式过滤作保护过滤，这就是三级过滤水处理模式。

过滤系统合理的设计和良好的应用，最核心的要素是因地制宜、因水适宜。

(1) 了解当地水源和水体中悬浮物的特性，是指用作灌水的水源是什么样的水源，是地下井水还是地面湖泊水库水。水源来水不一样，水体中悬浮物特质就会不同，杂质浓度也会不一样，甚至日照、风向、取水位置都会影响悬浮杂质的变化。有的有机物多，有的无机物泥沙占多数，所以一定要了解清楚现场水源情况，有针对性地设计配置好过滤系统。

(2) 明确灌水器对过滤系统处理水质的要求，是指灌溉设计配置的灌水器，如滴灌带、滴灌管，是地埋管还是一年一用迷宫式滴灌带，以及毛管布设长度、压力变化范畴、灌水器的流量大小等，这些因素同样决定了过滤系统的选取。对一年一换的迷宫式滴灌带，运行流量偏大的可以适当降低过滤系统要求。反之地埋管和小流量的滴灌系统一定要在普通过滤要求上再适当提高，给系统预留一定处理能力。

(3) 了解各种过滤器正常的运行必要条件，是指设计和应用一套过滤系统首先要了解各类过滤器的工作原理和运行条件，才能根据现场水源条件和灌水器要求设计选用不同的过滤方式来组建一个系统。在这两点上了解原理的多，但理解过滤器的运行条件的少，比如砂滤的粒径、过滤介质的深度、运行的压力损耗、反冲洗时的强度、适用的过滤流量等。这些指标每一项都会影响过滤单元的正常运行。又比如网式过滤器和叠片式过滤器的最低工作压力、过滤材料和有效过滤面积，这些技术指标都是过滤器运行的基础要素，假如不了解，简单盲目地配置，过滤系统不可能达到良好的应用效果。

150. 灌水类型、规格及选择依据有哪些?

灌水器是滴灌系统中的重要设备元件，它可以实现点滴灌水。灌水器好坏直接影响灌溉质量，生产上对其需要的数量相当大。国内外灌水器的种类繁多。

根据灌水器的结构与出流形式，灌水器通常分为滴头和滴灌管（带）两大类。

滴头。通过流道或孔口将毛管中的压力水流变成滴状或细流状的装置称为滴头。滴头分类的方式很多，一般有以下3类。

（1）按滴头与毛管的连接方式。①管上式滴头（竖装）。结构与管间滴头基本相同，只是另一端封闭，螺纹芯子可拧出拧入，以便冲洗或调节流量。螺纹长的，流量为7.5升/时；螺纹短的，流量可达9.5升/时。②管间式滴头（卧装）。我国制造的管间滴头，其流道宽度为0.75～0.90毫米，长度为50～60厘米，在1个大气压下，额定出水流量为2～3升/时。③内镶式滴头（螺旋形滴头）。这种滴头由直径为1毫米的聚丙烯小管卷成螺旋形，又称为发丝滴头，其工作压力为0.7千克/厘米^2，流量为0.9～9升/时，改变螺旋圈数，可调节流量。

（2）按滴头流态分类。分为紊流式滴头和层流式滴头（多孔毛管、双腔管、微管）。

（3）按水力补偿性能。滴头又可分为非压力补偿滴头与压力补偿型滴头两种。①压力补偿型滴头是利用水流压力对滴头内弹性体的作用，使流道（或孔口）形状改变或过水断面面积发生变化，即当压力减小时，增大过水断面面积，压力增大时，减小过水断面面积，从而使滴头流量自动保持在一个变化幅度很小的范围内。②非压力补偿滴头是利用滴头内的固定水流流道消能，其流量随压力的升高而增大。

滴灌管（带）。将滴头与毛管制造成的一个整体，兼具配水和滴水功能的管（带）。滴灌管（带）的直径在8～40毫米，使用最多的是16毫米和20毫米两种，滴灌管厚度为0.15～2.00毫米，1毫米以下的使用量最大。滴灌管（带）根据其所用灌水器类型也有非压力补偿式滴灌管（带）与压力补偿式滴灌管（带）两种。目前国内外应用较广泛的滴灌管（带）主要有内镶式迷宫滴灌管和薄壁滴灌带。①内镶式迷宫滴灌管。在毛管制造过程中，将预先制造好的滴头镶嵌在毛管内的滴灌管称为内镶式滴灌管，内镶滴头有两种，一种是片式，另一种是管式。②边锋式滴灌带。它是一种厚0.1～0.6毫米的薄壁塑料带，充水时胀满为管形，泄水时为带状，运输、储藏都十分方便。

151. 不同土质如何选择灌水器？

相同质地的土壤，灌水量相同时，垂直方向湿润距离随着滴头流量的增加而减小，而水平方向湿润距离则随之增加；滴头流量不仅会影响地表径流，也会影响湿润面积，在灌水量一定的情况下，湿润面积的大小又会影响湿润深度。灌水器设计大致分为4个步骤：①根据地形与土壤条件大致挑选最能满足湿润区所需灌水器的大致类型。②挑选能满足所需要的流量、间距和其他规划考虑因素的具体灌水器。③确定所需的灌水器的平均流量和压力水头。④确定要达到理想灌水均匀度时灌溉单元小区的容许压力水头变化。

灌水器流量选择的核心依据：①根据土壤质地挑选最能满足湿润区所需灌水器的大致流量。不同的土壤质地与气候条件应选择不同的滴头流量。地表湿润圈的大小直接影响蒸发量的大小。滴头流量越大，地表的湿润半径越大，蒸发损失也越大。滴头流量的大小直接影响土壤水分在水平和垂直方向的动态。土壤质地越细地下滴灌滴头流量就越小；土壤质地越粗，流量越大。②作物根系分布区选择湿润锋控制范围和滴头流量。根系是作物获得养分和水分的重要营养器官，根系生长发育的状况直接影响着植株地上部的产量和品质。滴灌是指按照作物需水要求，通过低压管道系统与安装在毛管上的灌水器，将水和作物需要的养分一滴一滴、均匀而又缓慢地滴入作物根区土壤中的灌水方法。因此，根系分布的水平范围大、垂直范围小，如小麦等作物可以选择大流量滴灌带；水平范围小、垂直范围大，可以考虑大流量滴灌带。③根据作物需水规律调整灌水器流量。作物需水量是指作物在适宜的外界环境条件下（包括对土壤水分、养分充分供应）正常生长发育达到或接近达到该作物品种的最高产量水平所消耗的水量。影响田间作物需水量的主要因素有气象条件、作物种类、土壤性质和农业措施等。气温高、空气干燥、风速大，作物需水量就大；生长期长、叶面积大、生长速度快、根系发达以及蛋白质或油脂含量高的作物需水量就大。因此，需水量较大的作物，灌水器流量应适当调整。④根据灌溉目的最终确定灌水器流量。我国地域广阔，气候多样，不同区域进行水肥一体化的目标和意义不同，在西北干旱区域，尤其是新疆，灌溉是第一位的。水肥一体化就是因节水而发展的水肥一体化，流量选择就根据根区和土壤选择即可；东南的林果园，尤其是山地林果园，也需要灌溉和施肥，但是那里是水分补充，因此，压力补偿和灌溉均匀度就是选择的核心；东北属于以施肥为核心的补充灌溉，需要结合出苗水的湿润锋分布特征和生育中、后期的灌溉施肥目的进行流量的选择，建议压力补偿，以中小流量为主。

152. 如何对过滤器进行清洗？

（1）手动清洗。

①调整首部总阀的开启度，以获得足够的反冲洗压力；然后缓慢地打开反冲洗控制阀和排污管上的反冲洗流量调节阀，检查水流，当发现有过滤物被冲出时，立刻将反冲洗流量控制阀锁定在此位置不动（此手动冲洗过程适用于砂石过滤器）。

②扳动手柄，放松螺杆，拆开压盖，取出滤芯，用刷子刷洗滤芯、筛网上的污物，并用清水冲洗干净（此手动冲洗过程适用于筛网和叠片式过滤器）。

（2）自动清洗。这种过滤器装有冲洗排污阀，当过滤器上、下游压力表差值超过一定限度（通常为3～5米）时，表示滤网上积存的污物已经影响过滤器的正常运行，需要冲洗。此时打开冲洗排污阀门，冲洗20～30秒后关闭，即可恢复正常运行（注意自动冲洗时，叠片式过滤器的叠片必须能自行松散，若叠片被黏在一起，不易彻底冲洗干净，需要冲洗多次）。

（3）电脑自动控制冲洗。配有可调微电脑控制仪，解决了反冲洗过滤器设备运行中需要停机、冲洗效率低、易堵塞的问题。它可连续工作，压力稳定，灌水质量高。灌溉结束时，应取出滤网的滤芯，涮洗晾干后备用。

153. 施肥设备的类型有哪些？

常用的施肥设备主要有压差施肥罐、文丘里施肥器、重力自压式施肥设备、泵吸式施肥设备、注肥泵等。

（1）压差式施肥罐。压差式施肥罐是田间应用较广泛的施肥设备。在发达国家的果园中随处可见，我国在大棚蔬菜及大田生产中也广泛应用。压差式施肥罐由两根细管（旁通管）与主管道相连接，在主管道上两条细管接点之间设置一个节制阀（球阀或闸阀）以产生一个较小的压力差（1～2 米水压），使一部分水流入施肥罐，进水管直达罐底，水溶解罐中肥料后，肥料溶液由另一根细管从施肥罐中流出然后进入主管道，将肥料带到作物根区。

（2）文丘里施肥器。同施肥罐一样，文丘里施肥器在灌溉施肥中也得到广泛的应用。文丘里施肥器可以做到按比例施肥，在灌溉过程中可以保持恒定的养分浓度。水流通过一个由大渐小然后由小渐大的管道（文丘里管喉部）时，水流经狭窄部分时流速加大，压力下降，使前后形成压力差，当喉部有一更小管径的入口时，形成负压，将肥料溶液从一敞口肥料罐通过小管径细管吸取上来。

（3）重力自压式施肥设备。在应用重力滴灌或微喷灌的场合，可以使用重力自压式施肥设备。在南方丘陵山地果园或茶园，通常引用高处的山泉水或将山脚水源泵至高处的蓄水池。通常在水池旁边高于水池液面处建立一个敞口式混肥池，池大小在 0.5～2.0 米^3，可以是方形或圆形，方便搅拌溶解肥料即可。池底安装肥液流出的管道，出口处安装 PVC 球阀，此管道与蓄水池出水管连接。池内用 20～30 厘米长大管径管（如 75 毫米或 90 毫米 PVC 管），在大管径管入口用 100～120 目尼龙网包扎。施肥时先计算好每轮灌区需要的肥料总量，倒入混肥池，加水溶解，或溶解好直接倒入。打开主管道的阀门，开始灌溉。然后打开混肥池的管道，肥液即被主管道的水流稀释带入灌溉系统。通过调节球阀的开关位置，可以控制施肥速度。当蓄水池的液位变化不大时（南方许多情况下一边滴灌一边抽水至水池），施肥的速度可以相当稳定，保持一恒定养分浓度。

（4）泵吸式施肥设备。泵吸施肥设备利用离心泵将肥料溶液吸入管道系统，适合于任何面积的施肥。为防止肥料溶液倒流入水池而污染水源，可在吸水管后面安装逆止阀。通常在吸肥管的入口包上100～120目滤网（不锈钢或尼龙），防止杂质进入管道（图25）。

图25　泵吸式施肥机

（5）注肥泵。在有压力管道中施肥要使用注肥泵。打农药常用的柱塞泵或一般水泵均可使用，注入口可以在管道上任何位置。要求注入肥料溶液的压力要大于管道内水流压力，该法注肥速度容易调节，方法简单，操作方便。

154. 施肥设备的选择及其注意事项有哪些？

按照控制方式的不同，灌溉施肥可分为两大类：一类是按比例供肥，其特点是以恒定的养分比例向灌溉水中供肥，供肥速率与滴灌速率成比例。施肥量一般用灌溉水的养分浓度表示，如文丘里注入法和供肥泵法。另一类是定量供肥，又称为总量控制，其特点是整个施肥过程中养分浓度是变化的，施肥量一般用千克/公顷表示，如带旁通的储肥罐法。按比例供肥系统价格昂贵，但可以实现精确施肥，主要用于轻质和沙质等保肥能力差的土壤；定量供肥系统投入较小，操作简单，但不能实现精确施肥，适用于保肥能力较强的土壤。

（1）压差式施肥罐。压差式施肥罐是按数量施肥的方式，开始施肥时流出的肥料浓度高，随着施肥的进行，罐中肥料越来越少，浓度越来越低。罐内养分浓度的变化存在一定的规律，在相当于4倍罐容积的水流过罐体后，90％的肥料已进入灌溉系统（但肥料应在一开始就完全溶解），流入罐内的水量可用罐入口处的流量表测量。灌溉施肥的时间取决于肥料罐的容积及其流出速率。因为施肥罐的容积是固定的，当需要加快施肥速度时，必须使旁通管的流量增大。此时要把节制阀关得更紧一些。在田间情况下很多时候用固体肥料（肥料量不超过罐体的1/3），此时肥料被缓慢溶解，但不会影响施肥的速度。在流量压力、肥料用量相同的情况下，不管是直接用固体肥料，还是将其溶解后放入施肥罐，施肥时间基本一致。由于施肥的快慢与经过施肥罐的流量有关，当需要快速施肥时，可以增大施肥罐两端的压差，反之，减小压差。

（2）文丘里施肥器。文丘里施肥器的注入速度取决于产生负压的大小（即所损耗的压力）。损耗的压力受施肥器类型和操作条件的影响，损耗量为原始压力的10％～75％，选购时要尽量购买压力损耗小的施肥器。由于制造工艺的差异，同样产品不同厂家的压力损耗值相差很大。由于文丘里施肥器会造成较大的压力损耗，安装时通常需加装一个小型增压泵。一般厂家均会告知产品的压力损耗，设计时根据相关参数配置加压泵或不配置。吸肥量受入口压力、压力损耗和吸管直径影响，可通过控制阀和调节器来调整。文丘里施肥器可安装于主管路上（串联安装）或者作为管路的旁通件安装（并联安装）。在温室里，作为旁通件安装的施肥器其水流由一个辅助水泵加压。

文丘里施肥器具有显著优点，不需要外部能源，从敞口肥料罐吸取肥料的花费少，吸肥范围大，操作简单，磨损率低，安装简易，方便移动，适于自动化，养分浓度均匀且抗腐蚀性强。不足之处为压力损失大，吸肥量受压力波动的影响较大。虽然文丘里施肥器可以按比例施肥，在整个施肥过程中保持恒定浓度供应，但在制定施肥计划时仍然需要按施肥数量计算，如一个轮灌区需要多少肥料要事先计算好。如用液体肥料，则将所需体积的液体肥料加到储肥罐（或桶）中。如用固体肥料，则先将肥料溶解配成母液，再加入储肥罐，或直接在储肥罐中配制母液。当在一个轮灌区施完肥后，再安排下一个轮灌区。

（3）重力自压式施肥设备。利用自重力施肥水压很小（通常在3

米以内），用常规的过滤方式（如叠片式过滤器或筛网过滤器）由于过滤器的堵水作用，往往使灌溉施肥过程无法进行。可在重力滴灌系统中用下面的方法解决过滤问题。在蓄水池内出水口处连接一段1.0～1.5米长的PVC管，管径为90毫米或110毫米。在管上钻直径为30～40毫米的圆孔，圆孔数量越多越好，将120目的尼龙网缝制成管大小的形状，一端开口，直接套在管上，开口端扎紧。用此方法大大地增加了进水面积，虽然尼龙网也会堵水，但由于进水面积增加，总的出流量也相应增加。混肥池内也用同样的方法解决过滤问题。当尼龙网变脏时，更换一个新网或洗净后再用。经过几年的生产应用验证，效果较好。由于尼龙网成本很低，方便购买，用户容易接受和采用。

（4）泵吸式施肥设备。该法的优点是不需外加动力，结构简单，操作方便，可用敞口容器盛肥料溶液。施肥时通过调节肥液管上阀门，可以控制施肥速度。缺点是要求水源水位不能低于泵入口10米。施肥时要有人照看，当肥液快完时立即关闭吸肥管上的阀门，否则会吸入空气，影响泵的运行。用该方法施肥操作简单，速度快，设备简易，当水压恒定时，可做到按比例施肥。

155. 输水管网选择安装的注意事项有哪些？

滴灌系统输水管的地下干管、分干管一般采用硬聚氯乙烯（U-PVC）管。

管道安装一般按以下步骤进行：①干管管网铺设前检查。对塑料管规格和尺寸进行复查，管内必须保持清洁，重点检查管材外划擦伤痕问题。检查管材、管件、胶圈、黏结剂的质量是否合格。②管道安装。管材放入沟槽、连接、部分回填、试压、全部回填。

管道安装要求：①管道安装前要认真复测管槽，管槽基坑应符合设计图纸要求。管道安装施工过程中，应及时填写施工记录，并按施工内容进行阶段验收，尤其对一些意外情况的处理应及时填写清楚。②施工温度要求。黏结剂黏结不得在5℃以下施工；胶圈连接不得在－10℃以下施工。③管道安装时，如遇地下水或积水，应采取排水措施；管道穿越公路、沟道等处时，应加套管、砌筑涵洞；对暴露管线进行防腐蚀处理。④管道安装和铺设中断时，应用木塞或其他盖堵将管口封闭，防止杂物、动物等进入管道，导致管道堵塞或影响管道卫生。⑤在昼夜温差较大地区，应采用胶圈（柔性）连接，如采用黏结口连接，应采取措施防止因温差产生的压力破坏管道接口。管道不得铺设在冻土上，冬季施工应清完沟底（未有冻层）后及时安装并回填，防止在铺设管道和管道试压过程中沟底冻结。⑥塑料管承插连接时，承插口与密封圈规格应匹配，管道放入沟槽时，扩口应在水流的上游。⑦管道若在地面连接好后放入沟槽则要求管口径小于160毫米；柔性连接（黏结管道放入沟槽必须固化后保证不移动黏结部位）；沟槽浅；靠管材的弯曲转弯；安装直管无节点。⑧管道在铺设过程中可以有适当的弯曲，可利用管材的弯曲转弯，但幅度不能过大，曲率半径不得小于管径的300倍，并应浇筑固定管道弧度的混凝土或砖砌固定支墩。当管道坡度大于1：6时应浇筑防止管道下滑的混凝土防滑墩。⑨在干管与支管连接处设置闸阀井，在干管的末端设置排水井。⑩管道上的三通、四通、弯头、异径接头和闸阀处均不应设在冻土上。如无条件采取措施保证支墩的稳定，支墩与管道之间应设塑料或橡胶垫片，以防止管道的破坏。

156. 水肥一体化条件下轮灌组数是如何选择确定的？

一条支管（辅管）所控制的面积为一个灌水小区，若干个小区构成一个轮灌组。

（1）轮灌组的数目应满足灌溉需水的要求，同时使控制灌溉面积与水源的可供水量相协调，一般由以下公式计算：$N \leqslant CT/t$（其中N为轮灌组的数目，以个表示；C为系统一天的运行小时数，一般设定为19～22小时；T为灌水时间间隔，以天表示；t为一次灌水延续时间，以小时表示）。

（2）对于手动、水泵供水且首部无衡压装置的系统，每个轮灌组的总流量尽可能一致或相近，以使水泵运行稳定，提高动力机和水泵的效率，降低能耗。

（3）同一轮灌组中，选用一种型号或性能相似的灌水器，同时种植的作物品种一致或对灌水的要求相近。

（4）为便于操作和管理，通常一个轮灌组所控制的范围最好连片集中。但自动灌溉控制系统不受此限制，往往将同一轮灌组中的阀门分散布置，以最大限度地分散干管中的流量，减小管径，降低造价。

157. 水肥一体化中肥料选择的原则是什么?

优质廉价适合大田作物应用的滴灌专用肥是膜下滴灌随水施肥较为理想的肥料品种。适合滴灌施肥的肥料应满足以下要求。

（1）肥料中养分含量较高，溶解度高，能迅速地溶于灌溉水中。

（2）杂质含量低，其所含调理剂物质含量较小，能与其他肥料匹配混合施用，不产生沉淀。

（3）流动性好，不会阻塞过滤系统和灌水器。

（4）与灌溉水的相互作用很小，不会引起灌溉水 pH 的剧烈变化，特殊灌溉目的除外，如磷酸脲在新疆盐碱土上的应用等。

（5）对控制中心和滴灌系统的腐蚀性小。

（6）当灌溉水的 pH 为 7.5 以上时，不宜施碱性肥料如氨水等，适当加硝酸、磷酸、磷酸脲降低灌溉水的 pH。

（7）灌溉水中的肥料总浓度应控制在 5%以下。

158. 水肥一体化中肥料施用的基本原则是什么?

应用水肥一体化技术的目的就是灌溉施肥，针对不同地区的自然环境特点和不同作物的生长需要，其肥料施用也有所不同，其主要原则包括以下 6 点。

（1）因土施肥。土壤理化性质很大程度地决定了土壤肥力，直接影响植物的生长状况。采用水肥一体化技术时，首先要掌握土壤本底值，确定单次水肥用量时需要扣除土壤中可供作物吸收的土壤本底值；其次要掌握土壤酸碱性，根据土壤酸碱性选择适合的肥料或者肥料施用时间。

（2）因作物施肥。目前应用水肥一体化技术的作物种类非常多，每个作物，甚至每个品种都有特殊养分需求规律和养分临界值，因此水肥一体化中肥料选择和施用要结合作物需肥规律。

（3）因灌溉水质施肥。结合灌溉水的水质及离子含量，综合考虑肥料类型及其最高浓度，避免水中钙等阳离子与磷酸根、硫酸根等阴离子发生反应，产生不溶物或者微溶物，堵塞滴头。

（4）因肥料特性混合。化肥是否可以相互混合要以方便施用、不发生养分损失为原则。要注意3种情况：①可以混合，混合后既不发生化学反应造成养分损失，又不吸湿结块给施用带来不便。②可以暂时混合，即现混现用，不要久放。多数肥料的混合都属于这种情况。③不可以混合，混合后会发生化学反应，造成养分损失，以铵态氮与碱性肥料混合后造成氮损失最为常见。

（5）结合灌溉系统选择肥料。根据灌溉系统的抗堵塞性能和滴灌带使用年限，结合肥料成本，综合考虑肥料中的水不溶物。

（6）根据养分运移及根区分布，安排加肥时间。具体内容可以参考问题“施肥时间与养分分布的关系”中的讲述。

159. 水肥一体化中肥料选择的注意事项有哪些？

在选择肥料之前，首先应对灌溉水中的化学成分和水的pH有所了解。某些肥料可改变水的pH，如硝酸铵、硫酸铵、磷酸一铵、磷酸二氢钾、磷酸等将降低水的pH，而磷酸氢二钾则会使水的pH升高。当水源中同时含有碳酸根和钙镁离子时可能使滴灌水的pH升高进而引起碳酸钙、碳酸镁的沉淀，从而使滴头堵塞。为了合理运用滴灌施肥技术，必须掌握化肥的化学物理性质。在进行滴灌水肥一体化中，化肥应符合下列基本要求：①高度可溶性。②溶液的酸碱度为中性至微酸性。③没有钙、镁、碳酸氢盐或其他可能形成不可溶盐的离子。④金属微量元素应当是螯合物形式。⑤含杂质少，不会对过滤系统造成很大负担。肥料选择的注意事项如下。

（1）肥料的可溶性。由于滴灌灌水器流道较小，因此利用滴灌系统施肥时，首先要考虑肥料的可溶性。大多数固态肥料在生产时都在肥料颗粒外面包一层膜，以防止吸收水分。市售肥料常用的3种膜质材料是黏土、硅藻土、含水硅土。为了避免这些包膜材料溶解后发生堵塞，建议在施用前制备少量混合物，观察包膜材料是否沉淀到容器底部，是否会在表面形成泡沫或悬浮在溶液中。如果包膜材料迅速沉到容器底部，就可以制备整批溶液。包膜材料沉淀后，透明液体可注入灌溉系统。“降温效应”带来的问题是，当溶液温度低时，肥料的溶解度会变得非常小，进而导致同样数量的水无法溶解预计的肥料。解决这一问题的方法是把溶液放置数小时使温度升高，或连续搅拌，直到所有的肥料全部溶解。

（2）肥料的兼容性。当肥料混合时需要考虑肥料之间的兼容性问题。可溶性肥料制成的液态肥料，当由不同营养元素制备肥料溶液时，应考虑以下因素：①制备过程中的安全性。②当把不同肥料溶液加入同一储液罐时，肥料溶液之间的相互作用。③液体肥料在灌溉系统中的反应。④灌溉系统对堵塞和其他问题的敏感性。在配置用于灌溉施肥的营养液时，必须考虑不同肥料混合后产物的溶解度，一些肥料混合物在储肥罐中由于形成沉淀而使混合物的溶解度降低。为避免肥料混合后相互作用产生沉淀，应在微灌施肥系统中采用两个以上的储肥罐，在一个储肥罐中储存钙、镁和微量营养元素，在另一个储肥罐中储存磷酸盐和硫酸盐，确保安全有效地灌溉施肥。

（3）肥料溶解时的温度变化。多数肥料溶解时会伴随热反应。如磷酸溶解时会放出热量，使水温升高；尿素溶解时会吸收热量，使水温降低，了解这些反应对田间配置营养母液有一定的指导意义。如气温较低时为防止盐析作用，应合理安排各种肥料的溶解顺序，尽量利用它们之间的热量来溶解肥料。

（4）肥料与灌溉水的反应。灌溉水中通常含有各种离子和杂质，如钙镁离子、硫酸根离子、碳酸根和碳酸氢根离子等。这些灌溉水中固有的离子达到一定浓度时，会与肥料中的有关离子反应，产生沉淀。这些沉淀易堵塞滴头和过滤器，降低养分的有效性。如果在微灌系统中定期注入酸溶液（如硫酸、磷酸、盐酸等），可溶解沉淀，以防滴头堵塞。

（5）灌溉用肥料与设备的反应。因为肥料要通过微灌系统使用，微灌系统的材料和肥料要直接接触，有些材料容易被腐蚀、生锈或溶解，有些则抗性强，可耐酸碱盐。

160. 如何通过包装识别滴灌肥？

水溶肥料的选择，首先需要根据其产品包装的规范性，选择优质的肥料产品，具体方法如下。

（1）要看包装袋上大量元素和微量元素养分的含量。对于符合农业农村部登记的水溶性肥料，以大量元素水溶肥为例，依据其登记标准，氮、磷、钾3种元素单一养分含量不能低于4%，三者之和不能低于50%，若在包装袋上看到大量元素的一种标注不足4%的，或三者之和不足50%的，说明此类产品不符合登记要求。

（2）要看包装袋上各种具体养分的标注。高品质的水溶性肥料或者硝基肥对保证成分（包括大量元素和微量元素）标识非常清楚，而且都是单一标注，这样养分含量明确，才能放心选用。

（3）要看产品配方和登记作物。高品质的水溶性肥料，一般配方种类丰富，从苗期到采收期都能找到适宜的配方。正规的肥料登记作物是某一种或几种作物，对于没有登记的作物需要有各地使用经验的说明。

（4）要看有无产品执行标准、产品通用名称和肥料登记证号。通常所说的全水溶性肥料，实际上其产品通用名称是大量元素水溶性肥料，通用的执行标准是《大量元素水溶肥料》(NY1107—2020)，如果包装上出现的不是这个标准，说明可能不是全水溶性肥料。此外，还要看其是否具有肥料登记证号，如果农户对产品有怀疑，可以在网上查其肥料登记证号，合格的大量元素水溶性肥料，肥料登记证号和生产厂家都能查到，若查不到，说明该产品不合格。

（5）要看有无防伪标志。一般正规厂家生产的全水溶性肥料，在包装袋上都有防伪标识，它是肥料的“身份证”，有无防伪标识是判断肥料质量好坏的一项很重要的指标。

（6）要看包装袋上是否标注重金属含量。正规厂家生产的大量元素水溶性肥料的重金属离子含量都低于国家标准，并有明显的标注。若肥料包装袋上没有标注重金属含量，在选择的时候应慎用。

161. 滴灌肥生产中的主要氮、磷、钾原料有哪些？

绝大多数水溶性固体或液体肥料都适用于滴灌施肥，其中氮肥包括尿素、硝酸铵、硝酸钙、硝酸钾以及各种含氮溶液；钾素养分包括氯化钾、硫酸钾、硝酸钾和硫代硫酸钾等；滴灌施肥中磷素养分的来源相对有限，常用的有磷酸、磷酸一铵、磷酸二铵和磷酸二氢钾等，具体名单如表 8 所示。

表 8　供应大量元素的常用原料

供氮原料	供磷原料	供钾原料
尿素	磷酸	硝酸钾
尿素硝酸铵溶液	磷酸二氢钾	硫酸钾
硫酸铵	磷酸氢二钾	氯化钾
硝酸铵	磷酸二氢铵	柠檬酸钾
硝酸铵钙	磷酸氢二铵	硅酸钾
硝酸铵磷	磷酸脲	氢氧化钾
液氨（氨水）	聚磷酸铵	硫代硫酸钾
磷酸一铵/磷酸二铵		腐植酸钾
硝酸钙		
硝酸镁		
碳酸铵		

162. 哪些氮肥可以在水肥一体化中应用？

不同尿素的溶解性能

氮是植物体内许多重要有机化合物的重要组分，土壤中能够为作物提供氮源的主要氮肥形态分为铵态氮、硝态氮、酰胺态氮，这几种氮源均为速效氮肥，酰胺态氮在土壤中经微生物转化为铵态氮或硝态氮后为作物生长提供氮营养。水肥一体化技术中的常用的氮源如表 9 所示。

表 9　常见供氮原料的种类及特性分析

原料类别	名称	分子式	氮含量（N,%）	特　性
酰胺态氮素	尿素	$CO(NH_2)_2$	46	①中性有机化合物，施入土壤后以分子态存在，并与土壤胶粒发生氢键吸附，吸附力略小于电荷吸附。 ②在土壤中受脲酶作用转化成碳酸铵，形成铵态氮，其水解产物为铵态氮。 ③吸湿性强，水溶性好

（续）

原料类别	名称	分子式	氮含量（N,%）	特性
铵态氮素	液氨	NH_3	82.3	①易溶于水，可被作物直接吸收利用。 ②NH_4^+ 在土壤中不易淋失，肥效比 NO_3^- 长。 ③遇碱性物质会分解出 NH_3，深施覆土，可以提高其肥效。 ④在通气良好的土壤中，NH_4^+ 可通过硝化作用迅速转化为 NO_3^-
	氨水	$NH_3 \cdot H_2O$	12.4～16.5	
	硫酸铵	$(NH_4)_2SO_4$	20～21	
	氯化铵	NH_4Cl	25	
硝态氮素	硝酸钙	$Ca(NO_3)_2$	12.6～15.0	①易溶于水，肥效迅速，溶解度很大，吸湿性强，应严格防潮。 ②NO_3^- 流动性大，降水量大时或水田中易流失。 ③受热时分解出 O_2，助燃性极强，储存时既要防潮又要防热
	硝酸钠	$NaNO_3$	15～16	
	硝酸钙镁	—	13.6	
	硝酸铵	NH_4NO_3	34～35	
	硝酸铵钙	$Ca(NO_3)_2 \cdot NH_4NO_3$	15.5	
	硝酸铵磷	—	32	
	硝酸钾	KNO_3	13	

163. 不同类型氮肥如何被作物吸收利用？

铵态氮、硝态氮和酰胺态氮都是良好的氮源，铵态氮和硝态氮可以被它们直接吸收和利用，这两种形态的氮素约占作物吸收阴阳离子的80%；酰胺态氮——尿素是目前含氮量最高的氮肥，也是农户用量最大的氮肥。作物种类和环境条件不同，其营养效果有一定差异，施用时必须根据当地作物、土壤等条件进行合理分配选用。

尿素一般不能直接被植物吸收，尿素施入土壤后以分子态存在，并与土壤胶粒发生氢键吸附，吸附力略小于电荷吸附，在土壤中受脲酶作用转化成碳酸铵，形成铵态氮，后续过程与铵态氮类似（图26）。铵态氮和硝态氮多数易溶于水，可被作物直接吸收利用，但作物在吸收和代谢两种形态的氮素上存在不同。首先，铵态氮进入植物细胞后必须尽快与有机酸结合，形成氨基酸或酰胺，铵态氮以 NH_4^+

的形态通过快速扩散穿过细胞膜，氨系统内的 NH_4^+ 的去质子化形成的 NH_3 对植物的毒害作用较大（图 27)。硝态氮在进入植物体后一部分被还原成铵态氮，并在细胞质中进行代谢，其余部分可“储备”在细胞的液泡中，有时达到较高的浓度也不会对植物产生不良影响，硝态氮在植物体内的积累都发生在植物的营养生长阶段，随着植物的不断生长，体内的硝态氮会大幅下降（图 28)。因此单纯施用硝态氮肥一般不会产生不良效果，而单纯施用铵态氮则可能会发生铵盐毒害。

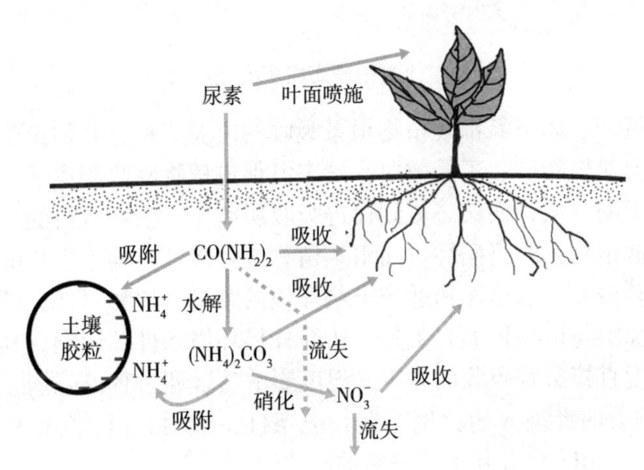

图 26　尿素在土壤中的变化示意图

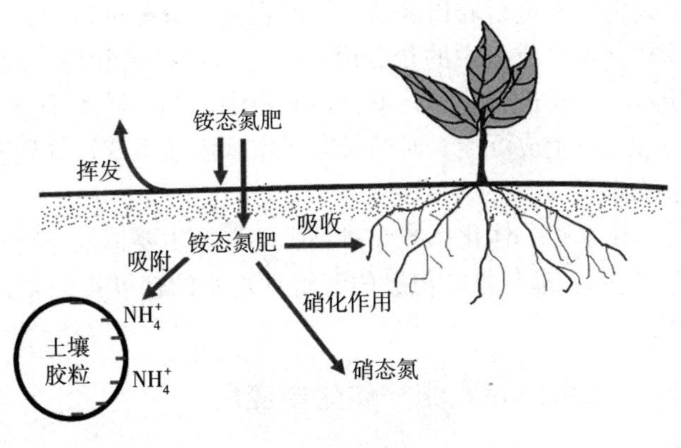

图 27　土壤中铵态氮肥变化示意图

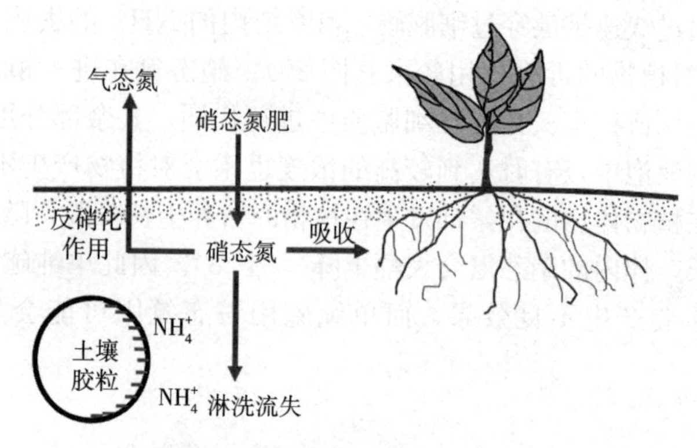

图 28　土壤中硝态氮肥变化示意图

虽然铵、硝态氮都是植物根系吸收的主要无机氮，但由于形态不同，也会对植物产生不同效应。硝态氮促进植物吸收阳离子，促进有机阴离子的合成；而铵态氮则促进吸收阴离子，消耗有机酸。一般而言，旱地植物具有喜硝性，而水生植物或强酸性土壤上生长的植物则表现为喜铵性，这是作物适应土壤环境的结果。植物对铵、硝态氮的吸收情况除与植物种类有关外，还受外界环境条件的影响。其中溶液中的浓度直接影响吸收的多少，温度影响着代谢过程的强弱，而土壤pH影响着两者进入的比例，在其他条件一致时，pH低有利于硝态氮的吸收，pH高有利于铵态氮的吸收。

水质对氮肥选择的影响也比较大。例如新疆地区的水质偏碱，大部地区引天山雪水进行农田滴灌，雪水在流动分配过程中会吸收流经地的土壤盐分，造成水中的盐分增高，这时选择硝酸钙、硝酸铵钙、硝酸钙镁这些肥料进行滴灌，就会使肥料中的钙、镁离子与水中的盐分离子进行反应生成沉淀，时间长容易堵塞滴灌系统，导致整个水肥一体化系统瘫痪。

因此，在水肥一体化系统中对氮肥的选择主要根据作物对氮源的喜好、土壤pH、通气性、氮肥的溶解性、水的盐度等因素进行综合考量选择。

164. 哪些磷肥可以在水肥一体化中应用?

磷是作物生长必需的营养元素，作物主要从土壤中吸收以

$H_2PO_4^-$ 或 HPO_4^{2-} 形态存在的正磷酸根离子，大多数作物吸收 $H_2PO_4^-$ 的速率比吸收 HPO_4^{2-} 快。然而不同 pH 对正磷酸盐形态的影响不同。作物对正磷酸盐的吸收以 $H_2PO_4^-$ 为主，以 HPO_4^{2-} 为次，对 PO_4^{3-} 较难吸收。因此，当土壤 pH 在 6.0～7.5 时，磷素有效性最高。滴灌施肥中的供磷原料主要有磷酸二氢铵（磷酸一铵）、磷酸一氢铵（磷酸二铵）、磷酸二氢钾、磷酸、聚磷酸、聚磷酸铵以及一些基础液肥等。农用级别的磷酸一铵、磷酸二铵由于杂质含量高，一般不能采用物理方法生产水溶性肥料，而应选用工业级磷酸一铵或磷酸二铵；生产固体水溶性肥料常选用磷酸一铵、磷酸二铵与磷酸二氢钾等。不同的磷素原料其养分含量及特性分析如表 10 所示。

表 10　常见供磷原料的种类及特性分析

名　称	分子式	养分含量（%）			特性与用途
		P_2O_5	N	K_2O	
热法磷酸	85% H_3PO_4	61.5	0.0	0	单质磷滴灌，强酸性清洗滴头，调节土壤酸度
磷酸一铵（MAP）	$NH_4H_2PO_4$	61	12.0	0	白色结晶性粉末，溶解性好。直接作为磷氮滴灌，是水溶 NPK 的主要复配料
磷酸二铵（DAP）	$(NH_4)_2HPO_4$	53	20.8	0	白色结晶性粉末，溶解性好，有一定吸湿性。直接作为磷氮滴灌，碱性，一般不作为 NPK 的配料
磷酸脲（UP）	$CO(NH_2)_2 \cdot H_3PO_4$	44	17.4	0	无色透明晶体，易溶于水，水溶液呈酸性，1% 水溶液的 pH 为 1.89。强酸性肥料可清洗滴头，调节碱性与土壤酸度，直接作为磷氮滴灌
磷酸二氢钾（MKP）	KH_2PO_4	51.5	0.0	34	白色结晶粉末，易溶于水，呈酸性，一般叶面喷施，促花坐果
聚磷酸铵（APP）水溶级	$(NH_4)_{(n+2)}P_nO_{(3n+1)}$	30	15.0	0	无毒无味，吸湿性小，热稳定性高。可直接作为磷氮滴灌。液体复配料使用较多

（续）

名 称	分子式	养分含量（%）			特性与用途
		P_2O_5	N	K_2O	
聚合磷钾（PKACID）	$K_{(n+2)}P_nO_{(3n+1)}$	60	0.0	20	白色晶体粉末，属强酸性肥料，能清洗滴头，调节碱性和盐性土壤酸度，促花坐果
焦磷酸钾（TKPP）	$K_4P_2O_7$	42	0.0	56	白色粉末或块状固体，易溶于水，水溶液呈碱性，1%水溶液pH为1.02。一般叶面喷施，促花坐果，使用不广泛
硝酸铵磷（NP）		10	30.0（硝态氮16%，铵态氮14%）	0	白色固体颗粒，新型全水溶性氮磷复合肥，植物易吸收、见效快。硝酸铵高塔造粒改性产品，提供硝态氮和铵态氮

165. 磷酸一铵和磷酸二铵有什么区别？

磷酸一铵又称为磷酸二氢铵，化学式为 $NH_4H_2PO_4$，白色结晶性粉末，水溶液呈酸性。常温下（20℃）在水中的溶解度为37.4克。$N-P_2O_5-K_2O$ 为12-61-0或者12-60-0；主要执行标准包括《磷酸一铵、磷酸二铵》（GB 10205—2009）、《水溶性磷酸一铵》（HG/T 5048—2016）、《工业磷酸二氢铵》（HG/T 4133—2010）3个标准。磷酸二铵又称磷酸氢二铵，化学式为 $(NH_4)_2HPO_4$，为灰白色或深灰色颗粒，水溶液呈弱碱性，pH8.0，常温下（20℃）在水中的溶解度为41克。$N-P_2O_5-K_2O$ 为18-46-0、16-45-0或者15-42-0；标准是《磷酸一铵、磷酸二铵》（GB 10205—2009）和《工业磷酸氢二铵》（HG/T 4132—2010）。但是目前新疆市场很多名为磷酸二铵或者滴灌二铵的产品执行的标准是《大量元素水溶肥料》（NY 1107—2020），这个是水溶肥，不是真的磷酸二铵。二者的主要区别如下。

（1）磷酸一铵相对磷含量高于磷酸二铵。

（2）磷酸一铵的水溶液呈酸性，而磷酸二铵的水溶液呈弱碱性，西北土壤更适合施用酸性磷肥。

（3）磷酸一铵市场产品相对单一，而磷酸二铵中存在以磷酸一铵添加其他氮肥作为磷酸二铵销售的情况。

（4）根据《水溶性磷酸一铵》（HG/T 5048—2016）和《工业磷酸氢二铵》（HG/T 4132—2010）中的水不溶物对比分析 12-61-0 的磷酸一铵的水不溶物小于 0.3%；对 18-46-0 的磷酸二铵的水不溶物没有明确规定，但是明确规定一等品中有效磷酸二氢铵大于95%即可，而《工业磷酸二氢铵》（HG/T 4133—2010）一等品中磷酸二氢铵大于 98.5%，水不溶物小于 0.1%；说明磷酸一铵的水不溶物的标准要高于磷酸二铵。

（5）磷酸二铵的市场较磷酸一铵复杂。整体上讲，对于滴灌水肥一体化理论来说，磷酸一铵较磷酸二铵占优势，但是传统施肥中确实磷酸二铵有其优越性。对于肥料来讲，溶解度高低不是决定其好坏的唯一标准，水溶肥和缓控肥作为新型肥料的两大方向，一直在良性发展，而简单地判定磷酸一铵和磷酸二铵哪个较好，这和施肥方式、施肥周期等密切相关。

166. 什么是磷酸脲？

磷酸脲［$CO(NH_2)_2 \cdot H_3PO_4$］，又称为尿素磷酸盐或者磷酸尿素，是由等物质的量的磷酸和尿素反应生成的一种具有氨基酸结构的磷酸复盐。磷酸脲是一种无色透明棱柱状晶体，该晶体呈平行层状结构；它的相对分子质量为 158.06，密度为 1.74 克/厘米^3，熔点为 115～117℃，含氮 17.7%，含磷（P_2O_5）44.9%，1%水溶液的 pH 为 1.89。磷酸脲的主要应用领域涉及畜牧业、工业和农业。

磷酸脲是由尿素和磷酸反应制得的，其反应方程式为

$$H_3PO_4 + CO(NH_2)_2 \longrightarrow CO(NH_2)_2 \cdot H_3PO_4$$

其生产工艺按照原料来源可分为热法磷酸法和湿法磷酸法，热法磷酸浓度高，杂质少，但价格贵，用来生产磷酸脲成本较高。湿法磷酸浓度低，杂质较多，但价格低，用来生产磷酸脲工艺流程较长，产品质量较差，成本较低。目前，国外一般以湿法磷酸为原料生产磷酸脲，而国内生产厂家既有用热法磷酸作原料的，也有用湿法磷酸作原

料的，其中前者居多。

磷酸脲作为基础肥源，可充分发挥其控制土壤pH，减少土壤氨挥发，提高土壤氮肥利用率，活化土壤中微量元素的优势；同时可以利用其在滴灌中沉淀少、结垢少、少堵塞的优势发展滴灌设施，延长滴灌系统的使用寿命，发挥其作为滴灌复合肥的优势。

167. 什么是聚磷酸铵？

聚磷酸铵又称多聚磷酸铵或缩聚磷酸铵（简称APP），聚磷酸铵是一种含氮和磷的聚磷酸盐，按其聚合度可分为低聚、中聚以及高聚3种，其聚合度越高水溶性越小，反之则水溶性越大。按其结构可以分为结晶形和无定形2种，结晶态聚磷酸铵为长链状水不溶性盐。聚磷酸铵的分子通式为（$(NH_4)_{(n+2)}P_nO_{(3+1)}$，当$n$为10～20时，为水溶性；当$n$大于20时，为难溶性。

一般认为作为肥料聚磷酸铵应是短链全水溶的，包含磷酸铵、三聚磷酸铵和四聚磷酸铵等多种聚磷酸铵，聚合度更高、链更长的聚磷酸铵只有少量存在。不同厂家的产品各形态磷的比例存在差别。例如美国规格为11－37－0的农用聚磷酸铵液体产品中不同形态的磷分布为：正磷酸7.8%，焦磷酸11.4%，三聚磷酸8.5%，四聚磷酸4.4%，五聚磷酸2.6%，多聚磷酸（$n \geqslant 6$）2.3%。

农用聚磷酸铵施入土壤中后具有磷活性高、移动距离远、不易被固定的特点，能增溶、缓释，对金属离子进行螯合，激活土壤中的微量元素，可精准施肥，吸收利用率高，还易添加有机质、除草剂、杀虫剂等进行复配，降低用肥量。近年来聚磷酸铵逐步作为液体肥的原料在水肥一体化中被应用。

168. 哪些钾肥可以在水肥一体化中应用？

作物从土壤中吸收的钾全部是K^+，钾盐肥料均为水溶性，但也含有某些不溶性成分。钾肥的品种主要有氯化钾、硫酸钾、磷酸二氢钾、钾石盐、钾镁盐、光卤石、硝酸钾、窑灰钾肥。水溶性肥料生产所需的钾肥主要包括硝酸钾、硫酸钾、氯化钾、磷酸二氢钾、腐植酸钾、氢氧化钾等。不同的钾肥原料其养分含量及特性分析如表11所示。

表 11　不同的钾肥原料其养分含量及特性分析

名　称	分子式	养分含量（%）			特性与用途
		K_2O	N	P_2O_5	
硝酸钾	KNO_3	45.5	13		溶于水，肥效迅速，溶解度大，吸湿性强，严格防潮
硫酸钾	K_2SO_4	50.0			吸湿性远小于氯化钾，不易结块，施用时分散性好，易溶于水，但溶解速率较慢
氯化钾	KCl	60.0			吸湿性不大，通常不易结块，化学中性、生理酸性肥料
磷酸二氢钾	KH_2PO_4	34.0		51.5	白色结晶性粉末，易溶于水，1%溶液pH为4.6
氢氧化钾	KOH	71.0			易溶于水，溶解时释放大量溶解热，有极强的吸水性，在空气中能吸收水分而溶解，并吸收二氧化碳逐渐变成碳酸钾
腐植酸钾	$C_9H_8K_2O_4$	8.0～11.0			黑色粉末，易溶于水，水溶液呈酱色

169. 哪些中、微量元素可以在水肥一体化中应用?

相对于氮、磷、钾 3 种大量元素，钙、镁、硫 3 种被列为中量元素，锌、硼、锰、钼、铜、铁、氯、镍 8 种被列为微量元素，在农业生产中上述 11 种元素通常被称为中、微量元素。中、微量元素大多是植物体内促进光合作用、呼吸作用以及物质转化作用等的酶或辅酶的组成部分，在植物体内非常活跃。作物缺乏任何一种中、微量元素时，生长发育都会受到抑制，导致减产和品质下降，严重的甚至绝收。作物只能吸收能溶于水的离子态或螯合态的中、微量元素；土壤中不溶于水的含微量元素的各种盐类和氧化物，则不能被植物吸收，所以以离子态施入土壤的中、微量元素极易被土壤中的碳酸根、磷酸根、硅酸根等固定，成为难溶性的盐，金属螯合物则可防止这一现象的发生。

我国推广应用的中、微肥有：钙肥、镁肥、硼肥、钼肥、锌肥、铜肥、锰肥、铁肥。硼和钼常为阴离子，而钙、镁、锌、锰、铜、铁、钴等元素则为阳离子，就这些元素的离子状态来说，按养分组成划分，大致可分为以下3类：①单质微肥。这类肥料一般只含一种作物所需要的微量元素，硫酸锌、硫酸亚铁即属此类，这类肥料多数易溶于水。②复合微肥。这类肥料多在制造肥料时加入一种或多种微量元素，它包括大量元素与微量元素以及微量元素与微量元素之间的复合，如磷酸铵锌、磷酸铵锰等。③混合微肥。这类肥料是在制造或施用时，将各种单质肥料按其需要混合而成。

按中、微肥化合物类型大致可分为5类：①易溶性无机盐。这类肥料多数为硫酸盐或者硝酸盐。②难溶性无机盐。多数为磷酸盐、碳酸盐类，也有部分为氧化物和硫化物，如磷酸铵锌、氯化锌等。③玻璃肥料。多数为含有中、微量元素的硅酸盐粉末，经高温烧结或熔融为玻璃状的物质，一般只能做底肥。④螯合物肥料。这类肥料是天然或人工合成的具有螯合作用的化合物，与中、微量元素螯合而成的螯合物，如螯合锌等。⑤含微量元素的工业废渣。不同的中、微量肥料原料养分含量及其特性分析如表12所示。

表12　不同的中、微量肥料原料养分含量及其特性分析

原料类别	原料名称	分子式	养分含量（%）	特　性
钙肥	硝酸钙	$Ca(NO_3)_2$	17.0	白色结晶，极易溶于水，吸湿性较强，极易潮解
	氯化钙	$CaCl_2$	36.0	白色粉末或结晶，吸湿性强，易溶于水，水溶液呈中性，属于生理酸性肥料
	硝酸铵钙	$Ca(NO_3)_2 \cdot NH_4NO_3$	19.0	属中性肥料，生理酸度小，溶于水后呈弱酸性
	螯合态钙	EDTA-Ca	10.0	白色结晶粉末，易溶于水，钙元素以螯合态存在

（续）

原料类别	原料名称	分子式	养分含量（%）	特性
镁肥	六水合硝酸镁	Mg（NO_3）$_2$（$H_{12}MgN_2O_{12}$）	15.5	无色单斜晶体，极易溶于水、液氯、甲醇及乙醇
	六水合氯化镁	$MgCl_2$（$Cl_2Mg\cdot 6H_2O$）	40.0～50.0	无色结晶体，呈柱状或针状，有苦味，易溶于水和乙醇
	硫酸镁	$MgSO_4$	9.9	白色结晶，易溶于水，稍有吸湿性，水溶液为中性，属生理酸性肥料
	螯合镁	EDTA－Mg	6.0	白色结晶粉末，易溶于水，镁元素以螯合态存在
铁肥	硫酸亚铁	$FeSO_4\cdot 7H_2O$	19.0～20.0	淡绿色晶体，易溶于水，10%水溶液呈酸性
		$FeSO_4\cdot H_2O$	33.0	
	硫酸亚铁铵	$(NH_4)_2SO_4\cdot FeSO_4\cdot 6H_2O$	14.0	浅蓝色结晶或粉末，易溶于水，易被氧化
	EDTA螯合铁	$C_{10}H_{12}N_2O_8FeNa\cdot 3H_2O$	5.0～14.0	黄色结晶，易溶于水，水不溶物含量低，水溶液呈酸性
锰肥	硫酸锰	$MnSO_4\cdot H_2O$	26.0～28.0	粉红色晶体，易溶于水，易发生潮解
	氯化锰	$MnCl_2\cdot 4H_2O$	27.0	粉红色晶体，易溶于水，易发生潮解
	EDTA螯合锰	$C_{10}H_{12}N_2O_8MnNa_2\cdot 3H_2O$	13.0	粉红色晶体，易溶于水，中性偏酸性
锌肥	硫酸锌	$ZnSO_4\cdot 7H_2O$	23.0～24.0	白色或浅橘红色晶体，易溶于水，在干燥环境中失去结晶水而变成白色粉末
		$ZnSO_4\cdot H_2O$	35.0～50.0	白色流动性粉末，易溶于水，在空气中易潮解
	硝酸锌	Zn（NO_3）$_2\cdot 6H_2O$	22.0	无色四方结晶，易溶于水，水溶液呈酸性
	氯化锌	$ZnCl_2$	40.0～48.0	白色晶体，易溶于水，潮解性强，水溶液呈酸性
	EDTA螯合锌	$C_{10}H_{12}N_2O_8ZnNa_2\cdot 3H_2O$	12.0～14.0	白色晶体，极易溶于水，中性偏酸性

（续）

原料类别	原料名称	分子式	养分含量（%）	特 性
铜肥	硫酸铜	$CuSO_4 \cdot 5H_2O$	24.0～25.0	蓝色晶体，易溶于水，水溶液呈蓝色，显酸性，在空气中久置会失去结晶水，变成白色
	氯化铜	$CuCl_2$	47.0	蓝色粉末，易溶于水，易潮解，水溶液呈酸性
	EDTA螯合铜	$C_{10}H_{12}N_2O_8CuNa_2 \cdot 3H_2O$	14.5	蓝色结晶粉末，易溶于水，中性偏酸性
硼肥	硼酸	H_3BO_3	17.5	白色结晶，易溶于水，水溶液呈微酸性
	四硼酸钠	$Na_2B_4O_7$	21.0	白色粉末，吸湿性较强，易溶于水
	五水四硼酸钠	$Na_2B_4O_7 \cdot 5H_2O$	15.0	白色结晶粉末，易溶于热水，水溶液呈碱性
	十水四硼酸钠	$Na_2B_4O_7 \cdot 10H_2O$	11.0	又名硼砂，为白色晶体或粉末，在干燥条件下，易失去结晶水变成白色粉末
	四水八硼酸钠	$Na_2B_8O_{13} \cdot 4H_2O$	21.0	白色粉末，易溶于冷水，高效速溶性硼酸盐
钼肥	钼酸	$H_2MoO_4 \cdot H_2O$	20.0～30.0	白色或黄色粉末，微溶于水，易溶于液碱、氨水或氢氧化铵溶液；无机酸，钼的含氧酸，氧化性较弱
	钼酸铵	$(NH_4)6Mo_7O_{24} \cdot 4H_2O$	50.0～54.0	青白或黄白色晶体，易溶于水，易风化
	钼酸钠	$Na_2MoO_4 \cdot 2H_2O$	35.0～39.0	白色晶体，易溶于水，水溶液呈碱性

170. 滴灌能否施用有机肥？

滴灌系统是液体压力输水系统，显然不能直接使用固体有机肥。有机肥要用于滴灌系统，主要解决两个问题：一是有机肥必须液体化，二是要经过多级过滤。一般易沤腐、残渣少的有机肥都适用于微灌施肥。含纤维素、木质素多的有机肥不适用于滴灌系统。有些有机物料本身就是液体的，如酒精厂、味精厂的废液。但有些有机肥沤后含残渣太多不宜作滴灌肥料。沤腐液体有机肥应用于滴灌更加方便，只要肥液不存在导致滴灌系统堵塞的颗粒，均可直接使用。另外也可以直接选择滴灌有机专用肥，滴灌有机专用肥由无机营养元素和生物活性物质或其他物质混配而成，肥料产品既能为作物提供养分，又能改土促根调节作物生长发育。我国水溶肥料登记产品中包括含氨基酸、腐植酸的水溶性肥料。水溶性肥料产品要求原料性能稳定，并能实现长期稳定供应，所用原料指标应一致，常见的功能性有机物质及其特性分析见表13。

表13　常见的功能性有机物质及其特性分析

有效物料名称	来　源	功能特性
腐植酸	褐煤、风化煤及木本泥炭等	促根抗逆，活化土壤养分，提高养分利用率以及增产提质等
氨基酸	糖厂、味精厂、酵母发酵液以及屠宰场下脚料等	促进作物对养分的吸收，提高养分利用率；增强作物的抗逆性，调节作物生长发育，增加作物产量，改善作物品质等
海藻酸	褐藻、蓝藻、绿藻、红藻等	含有刺激作物生长发育的活性物质，能够提高作物的抗逆性，促进种子萌发，进而提高作物产量，改善作物品质
糖醇	广泛存在于植物和微生物体内，主要包括木糖醇、甘露醇和山梨醇	能够参与细胞内渗透调节，提高作物抗逆性；利于中、微量元素在植物体内的运输，如糖醇钙能加快作物体对钙的吸收利用，进而促进作物生长，提高作物产量和改善作物品质
甲壳素	甲壳动物的外壳和昆虫表皮以及菌类的细胞壁等	促进作物生长，改善土壤生态环境以及提高作物抗逆性

171. 土壤相对含水量在智能水肥一体化中有何作用？

水肥一体化技术根据土壤养分含量和作物的需肥规律和特点，将肥料与灌溉水一起，通过可控管道系统供水、供肥，使水肥相融后，通过管道和灌水器形成滴灌，均匀、定时、定量地浸润作物根系发育生长区域，使主要根系土壤始终保持疏松和适宜的含水量及相对稳定的土壤养分含量状况。智能水肥一体化技术，即智能灌溉施肥技术，在灌溉施肥技术的基础上融合了专家知识系统、全球定位系统、地理信息系统等先进技术，解决了不同植物关键生育期的营养需求、土壤水分信息和养分状况的问题。利用计算机信息技术、自动控制技术、传感器技术等，通过农业灌排网络，在不需要人工干预的情况下，自动将水肥搅匀，自动判断、智能决策灌溉施肥时间和用量。控制系统软件将土壤水分传感器传来的土壤含水量值与当初设置的湿度阈值进行比较，如果湿度阈值小于当前土壤含水量值，则说明当前土壤水分含量满足系统设定要求，不需要灌溉；如果湿度阈值大于当前土壤水分含量，则说明土壤干涸，需要灌溉。这时控制系统就会发送命令给控制阀门，通过继电器驱动水源的电磁阀，滴灌主管道就会有水流过，而后继电器驱动需要灌溉小区的电磁阀，水就可以从主管道流进相应小区的滴灌带中对作物进行灌溉。灌溉量是通过继电器驱动电磁阀开关的时长实现的。灌溉完毕后，系统会在下次浇灌时再采集土壤水分信息，然后重复上述过程。由于整个灌溉过程是不需要人工干预的，所以是闭环灌溉的形式。因此，土壤相对含水量是智能化水肥一体化中控制系统的启动阀与控制线。

172. 在水肥一体化过程中如何避免过量灌溉？

滴灌水肥一体化技术主要是在农作物对水、肥的实际需求上，使用毛管上的灌水器和低压管道系统，把作物需要的溶液逐渐、均匀地滴至农作物的根区部。滴灌水肥一体化技术高频度地灌溉、缓慢地施加少量的水肥作用于作物的根部，使作物始终处于较优的水肥条件下，避免了其他灌水方式产生的周期性水分过多和水分养分亏缺的情况。然而，与普通沟灌相比，其独特的水肥供应方式和灌溉量使作物的整个养分吸收过程和运移机制表现出明显的差异。因此，与普通沟灌相比，滴灌水肥一体化在土壤温度、水肥分布以及盐分运移等方面均明显不同，浅层水肥供应及地膜间盐分聚集加剧了作物根系贴近地表分布生长，限制了作物根系的下扎。根系是作物吸收养分和水分的主要器官，根系的形态结构决定了根系获取水分、养分的空间和范围以及与相邻根系的资源竞争能力。因此根系定位是避免过量灌溉的第一步，根系定位的主要方法有两种，即挖（挖一个剖面看土壤中根系情况）和看（直接观察：下根管利用专业设备定时扫描根系分布情况，间接观察：利用水分仪根据根系吸水特征间接反映根系深度）。确定了根系分布深度后，灌溉深度的控制是避免过量灌溉的第二步，相对含水量可直观地反映灌溉的起始含水量，常常被作为判断是否需要灌溉和计算灌水量的依据。根据相对含水量确定灌溉量的主要方法也有两类，即经验（根据田间持水量、土壤相对含水量等土壤水分特性，结合灌溉深度确定单次最佳灌溉量）和设备（结合根系分布特征，在土壤中预埋水分监测设备，利用设定上下限，控制灌溉设备启动与停止）。综上，滴灌施肥只灌溉根系和给根系施肥，因此一定要了解作物根系分布的深度，根据根系分布特征，然后按照土壤湿润锋分布特征控制单次灌溉量。

173. 非灌溉季节水肥一体化系统如何维护？

在进行维护时，关闭水泵，开启与主管道相连的注肥口和注肥系统的进水口，排去压力。

（1）若施肥器是注肥泵并配有塑料肥料罐，先用清水洗净肥料罐，打开罐盖晾干；再用清水冲净注肥泵，按照相关说明拆开注肥泵，取出注肥泵驱动活塞，用润滑油进行正常的润滑保养，然后拭干各部件后重新组装好。

（2）若使用注肥罐，请仔细清洗罐内残液并晾干，然后将罐体上的软管取下并用清水洗净置于罐体内保存。每年在施肥罐的顶盖及手柄螺纹处涂上防锈油，若罐体表面的金属镀层有损坏，立即清锈后重新喷涂。注意不要丢失各个连接部件。

174. 农艺技术如何与水肥一体化相融合？

作物的生长发育及产品器官的形成，一方面取决于植物本身的遗传特性，另一方面取决于外界环境（也称为作物的生长因素或者生活因子）。主要的生长因素包括温度（空气温度及土壤温度）、光照（光的组成、光照度、光周期）、水分（空气湿度及土壤湿度）、土壤（土壤肥力、化学组成、物理性质及土壤溶液等）、空气（大气及土壤中空气的氧气和二氧化碳含量及有毒气体含量等）。就农作物而言，环境因子对作物的生长发育是缺一不可的，它们对生物的作用是综合的，而这种综合作用的各种因子在不同的条件下所处的地位及所起作用的本质各不相同。水肥一体化条件下，水分和养分不再是作物生长发育的限制因素，因此农艺措施的调整与水肥一体化技术发展相适应显得尤为重要。

（1）品种选择是关键。选对品种是关键，因为在农业生产要素中，品种是最为关键、最为核心的生产要素。品种的好坏（高、稳、抗）关键看稳产性和抗逆性。水肥一体化技术是根据作物的水肥需求规律直接按时按量地将水分和养分施于作物根部，因此水肥不再成为作物生长发育的限制因素。根据作物的杂种优势理论和群体优势理论，只有较大的群体才能有较大的光合叶面积，叶面积更大方能有更多的太阳能转化为生物能，形成生物产量。因此，水肥一体化条件下紧凑耐密型品种将发挥更大优势。

（2）株行距调整是手段。与常规灌溉和施肥方式相比，滴灌施肥作物根区表层（0～30 厘米）土壤含水量较高，大量有效水集中在滴头周围。由于滴灌随水施肥的特点，养分也集中分布在滴水形成的湿润体内，在土深 50 厘米以下养分含量显著降低，因根系生长向水、向肥的特点而使其集中分布在土壤表层。根系是作物获得养分和水分的重要营养器官，根系生长发育的状况直接影响着植株地上部的产量和品质。作物的株行配置方式影响其根系，进而影响地上部的生长发育。目前滴灌作物的宽窄行栽培逐步取代了传统的等行栽培，形成了玉米“不等行播种，宽行为 60～90 厘米，窄行为 20～40 厘米，窄行中间用于铺设滴灌带”和小麦“春小麦不等行播种，1 管 4 行（20 厘米＋13.3 厘米＋13.3 厘米＋13.3 厘米）或者5行（16.5 厘米＋14.5 厘米＋14.5 厘米＋14.5 厘米＋14.5 厘米），两行中间铺设滴灌带”的栽培模式。宽窄行栽培模式有效地降低了实际灌溉面积，缩短了水肥运移距离，便于作物根系吸收；另外，滴灌作物的株行距调整使得作物根区-灌溉水区-养分分布区基本重合，有效解决了作物生长过程中的水、肥、根协调的问题，提高了水肥利用率与作物产量。

（3）实时灌溉与施肥是保障。手工撒施或者撒施后灌水是我国传统施肥的主要方式，“一炮轰”和“秋施肥”也相对普遍。滴灌施肥是根据作物生长各个阶段对养分的需要和土壤养分供给状况，准确、均匀地将肥料施在作物根系附近，并被根系直接吸收利用的一种施肥方法。滴灌施肥普遍采用“水分养分同时供应、少量多次、养分平衡”的原则。新疆主要粮食作物滴灌施肥一般是从出苗水以后的第一水开始，直至倒数第二水，也有部分农户采用“一水一肥”制，不同时期的肥料施用量多数根据作物需肥规律采取“中间多，两头少”的方法来进行分配和确定。实时灌溉和施肥可根据作物的需水、需肥规律适时、适量地持续供应作物生长所需的水分和养分，降低了田间蒸发、氮素气态损失和养分的土壤固定，有效地提高了水、肥的效率；同时水肥实时供应，解决了作物生长中后期脱肥脱水造成的早衰问题，能保证干物质积累及其分配的协调性，为高产打下物质基础，提高作物产量。

（4）化学调控是依托。应用化学调控技术可调节作物生长发育、改变冠层结构、增强光合作用等。随着国内外对生长素、脱落酸、乙烯、细胞分裂素、赤霉素、油菜素内酯等6大类植物激素及多胺、赤霉烯酮等生理活性物质的不断应用，水肥一体化条件下作物生产条件改善、目标提高、品种更新与高新技术的应用及生产管理技术的变革等，都对作物化控栽培技术提出了新的要求。实现营养生长与生殖生长协调、植株外形修饰与内部生理功能改善同步、塑造理想株型并优化器官建成，调动肥水、品种等一切栽培因素的最大潜力，以实现优质高产。

（5）技术培训与服务是根本。技术培训目的是提高农民科学施肥与灌溉意识，普及水肥一体化技术的理念与关键技术。农民是肥料的最终使用者，向他们传授科学施肥与灌溉方法、不同肥料的用途，使他们学会合理搭配使用各种肥料，培训农民鉴别肥料的知识和水肥一体化技术。加强对基层农技人员的技术培训，使他们掌握好科学施用水肥技术，协助农民落实好各种所需水肥情况并将具体用量、时期、方法落实到条田，搞好技术服务。

175. 气象数据在水肥一体化中有哪些作用？

随着科技的进步和发展，气象监测的数据也越来越精细准确。农业生产对气象变化的敏感性较高，抵御自然灾害的能力较低，所以气象服务对农业发展有着至关重要的作用。气象数据对精准水肥一体化的影响主要体现在气象阈值对灌溉的影响以及相关灾害的预警。

（1）基于气象阈值灌溉。灌溉制度与气象因素高度相关，众所周知，遇降雨需设置延时灌溉，但是，降雨量到达多少时需要开启延时功能？需要延时多久？何时需要利用灌溉进行降温、防霜？何时需要避免灌溉造成低温？多大的雨量会导致氮肥淋洗等，都跟本地的气象、土壤、作物数据高度相关。在海量、精准的本地数据基础之上，结合人工智能分析，则可逐渐把握本地规律，获得该种作物灌溉相关的气象数据阈值。

（2）病虫害预警。病虫害与温度、湿度高度相关，实时监测的气象数据，结合数学模型，可对相应病虫害进行预警，提醒用户进行防护应对措施，以起到防灾、减灾的作用，避免因灾损失。

综上，科学地确定不同区域的灌溉定额，着力提升用水效率，对每次灌溉进行反馈学习，积累作物全生育期的需水、需肥模型，节约大量人工，提高管理效率。对气象数据做出快速响应，节水省肥，达到农业高产、资源高效、环境友好的目的，也是精准水肥一体化技术推行的初衷。

176. 施肥时间与养分分布之间存在什么关系？

滴灌施肥通常是将肥料与灌溉水结合在一起，水肥一体化技术按肥料预定量和时间供给作物吸收利用。滴灌水分由灌水器直接滴入作物根部附近的土壤，在作物根区形成一个椭球形或球形湿润体。滴灌随水施肥的特点，养分也集中分布在由滴水形成的湿润体内。对于单个灌溉周期，随水施肥一般分为三个阶段：第一阶段先滴清水，第二阶段将肥料和水一同施入土壤中，第三阶段用清水冲洗施肥系统并将肥料运移到作物根区。大田土壤中的养分运移规律遵循“盐随水来，盐随水走”的规律。随着滴灌施肥时间的增加，湿润锋水平、垂直运动距离均在不断增大，氮、磷、钾双向迁移的距离增加。目前第二个阶段一般采取的是氮、磷、钾复合肥或者单质肥料混合施用，然而氮、磷、钾养分在土壤中的运移距离和速度不同：尿素随水滴施后容易随水分运移，磷肥容易被土壤吸附固定，移动性相对氮素而言较弱，钾素的移动性相对氮素而言较弱，而较磷素强。受灌水量以及肥料元素中不同分子量的迁移特点、灌溉施肥的三个周期分配不合理等因素影响，氮、磷、钾在根区分布出现五种情况：氮、磷、钾都未到达根区，氮到达根区磷、钾未到达根区，氮、钾到达根区磷肥未达到，氮、钾超过根区而磷肥刚好到达；但是最理想的方式是氮、磷、钾均在根区。在相同的施肥量和灌溉量条件下，不同的运移速度往往造成氮、磷、钾分布区和作物根系分布不一致，不利于氮、磷、钾的吸收，抑制了水肥效率的提高和作物增产。

177. 应用滴灌水肥一体化技术有哪些注意事项?

滴灌水肥一体化技术的运行效果取决于后期管理，制定科学的灌溉和施肥制度是保证滴灌水肥一体化效果的关键，因此，在应用滴灌水肥一体化技术的过程中有以下注意事项。

（1）滴灌施肥时要防止过量灌溉。滴灌施肥时只灌溉根系及根系周围，根据土壤水分传感器监控灌溉的深度，达到所需要的灌溉深度就停止灌溉。

（2）注意过滤设备的保护。过滤器在使用一段时间后要进行清洗。

（3）合理控制肥料浓度。应该严格控制肥料浓度，避免过量施肥、引起肥害。

（4）注意日常维护保养。滴灌水肥一体化系统需要通过精心维护才可以发挥其最优性能。每年灌溉季节结束后，必须对管道进行一次全面检查维修。冲洗管道及排空管道内存储的水，对首部设备进行清洗遮盖保护。

六、灌溉与施肥综合

178. 什么是土壤改良剂？

土壤改良剂又称土壤调理剂，是一种主要用于改良土壤的物理、化学和生物性质，使其更适宜于植物生长，而不是主要提供植物养分的物料。

按照《肥料和土壤调理剂术语》（GB/T 6274—2016）的定义，土壤调理剂是指加入土壤用于改善土壤物理或化学性质及其生物活性的物料。

土壤改良剂种类繁多，不同的改良剂由于制作原料不同，作用各不相同，主要表现在以下几个方面：①改善土壤结构，提高水分入渗速率，增加饱和导水率。有机物土壤改良剂如农家肥、燕麦绿肥、城市污水污泥和无机物土壤改良剂如煤粉灰施入土壤后，能够明显改变土壤团粒结构，增大土壤孔隙度，减小土壤容重，提高水分入渗速率，增加饱和导水率。②保蓄水分，减少蒸发，提高土壤有效水含量。用有机物改良剂（如用麦糠、咖啡渣、锯屑、鸡粪混合的改良剂）和无机物改良剂（煤粉灰、沸石、膨润土等）改良土壤时，由于麦糠、咖啡渣、锯屑等物质可以有效阻止阳光透射，减少了水分蒸发，阻止水分过度渗透，保蓄了水分，使土壤有效水含量增加。③增强土壤抗水蚀能力。用高分子聚合物土壤改良剂改良土壤时，土壤水稳性团粒含量会明显增加，使土壤具有良好的孔隙度、持水性和透水性等，透水性增加使土壤可利用有效水资源扩大，水土流失相应减少，从而增强土壤抗水蚀能力。④提高土壤中离子交换率，改良盐碱地，缓冲pH，吸附重金属。无机物土壤改良剂如沸石、膨润土、蛭石、斑脱土施入土壤后，可以有效改善土壤结构，增加土壤中的阳离子，土壤中原有的重金属有些被交换吸附，有些被固定，土壤中的氢离子也由于交换吸附降低了浓度。⑤增加土壤微生物数量和提高微生物活性，提高酶的活性。土壤中微生物对植物起着非常关键的作用，而微生物靠有机碳才能生长，所以施加有机碳土壤改良剂可以增加土壤微生物数量和提高微生物活性，提高酶的活性。⑥提高土壤温度。用沥青乳剂作土壤改良剂可明显提高地温。⑦减少土壤病害传播。用有机物土壤改良剂改良土壤时可以增加土壤微生物活性和数量及酶的活性从而抑制真菌类、细菌、放线菌的活动，使土壤病害传播大大减少。⑧增加土壤肥力、减少化肥用量。无论是有机土壤改良剂还是无机土壤改良剂，它们本身含有大量的微量元素和有机物质，这些物质都是植物生长所必需的。⑨增加作物产量和提高作物品质。大部分土壤改良剂可以降低有毒元素的富集，从而增加作物产量，提高作物品质。

179. 土壤改良剂有哪些种类?

土壤改良剂来源较多，成分复杂，大致可根据其来源、性质、用途进行分类。

按土壤改良剂性质可分为：酸性土壤改良剂、碱性土壤改良剂、营养型土壤改良剂、有机物土壤改良剂、无机物土壤改良剂、防治土传病害的土壤改良剂、微生物土壤改良剂、豆科绿肥土壤改良剂、生物制剂改良剂等。

按用途可分为：防止土壤退化的土壤改良剂、防止土壤侵蚀的土壤改良剂、降低土壤重金属污染的土壤改良剂、贫瘠地开发的土壤改良剂、盐碱地改良的土壤改良剂。

按原料来源可分为：①矿物类，如泥炭、褐煤、风化煤、石灰、石膏、蛭石、沸石、珍珠岩和海泡石等。②天然和半合成水溶性高分子类，主要有秸秆类多糖类物料纤维素物料、木质素物料和树脂胶物质。③人工合成高分子类，主要有聚丙烯酸类、醋酸乙烯马来酸类和聚乙烯醇类。④有益微生物制剂类，如海藻提取物、腐植酸肥等。

180. 什么是土壤酸碱度?

土壤中存在着各种化学和生物化学反应，表现出不同的酸性或碱性。土壤酸碱性的强弱，常以酸碱度来衡量。土壤之所以有酸碱性，是因为在土壤中存在少量的氢离子和氢氧根。土壤溶液中的氢离子和氢氧根的构成状况形成了土壤酸碱性，当氢离子多于氢氧根时，称之为酸性；当氢氧根多于氢离子时，称之为碱性，用pH表示。土壤的酸碱性深刻影响着作物的生长和土壤微生物的变化，也影响着土壤物理性质和养分的有效性。我国土壤酸碱性分为七级：强酸性（＜4.5）、酸性（4.5～5.5）、弱酸性（5.5～6.5）、中性（6.5～7.5）、弱碱性（7.5～8.5）、碱性（8.5～9.5）、强碱性（＞9.5）。

土壤酸碱性形成机理：①土壤酸性。根据氢离子和铝离子的存在方式的不同，分为活性酸和潜性酸两种。活性酸指土壤溶液中的氢离子所表现的酸度（即pH），包括土壤中的无机酸、水溶性有机酸、水溶性铝盐等解离出的所有氢离子的总和。潜性酸指土壤胶体上吸附态的氢离子和铝离子所能表现的酸度。活性酸与潜性酸是在同一平衡体系中的两种不同酸度形态，可以互相转化。活性酸是土壤酸度的强度指标，潜性酸是土壤酸度的容量指标。潜性酸比活性酸大几千到几万倍。②土壤碱性。形成碱性反应的主要机理是碱性物质水解反应产生的氢氧根，土壤碱性物质包括钙、镁、钠的碳酸盐和重碳酸盐以及胶体表面吸附的交换性钠。

181. 土壤酸碱度与水肥一体化之间有什么关系？

土壤酸碱度对作物养分及肥料有效性的影响主要包括以下几方面：①降低土壤养分的有效性，氮在pH为6～8时有效性较高，pH＜6时固氮菌活动减弱，pH＞8时硝化作用受到抑制；磷在pH为6.5～7.5时有效性较高，pH＜6.5时易形成迟效态的磷酸铁、磷酸铝，有效性降低，pH＞7.5时则易形成磷酸二氢钙。②酸性土壤淋溶作用强烈，钾、钙、镁容易流失，导致这些元素缺乏；在pH＞8.5时，土壤钠离子增加，钙、镁离子被取代形成碳酸盐沉淀，因此钙、镁的有效性在pH为6～8时最好。③铁、锰、铜、锌、钴5种微量元素在酸性土壤中因可溶而有效性高；钼酸盐不溶于酸而溶于碱，在酸性土壤中易缺乏；硼酸盐在pH为5～7.5时有效性较好。④强酸性或强碱性土壤中氢离子和钠离子较多，缺少钙离子，难以形成良好的土壤结构，不利于作物生长。⑤土壤微生物最适宜的 pH 是 6.5～7.5 的中性范围，过酸或过碱都会严重抑制土壤微生物的活动，从而影响氮素及其他养分的转化和供应。⑥一般作物在中性或近中性土壤中生长最合适，但某些作物如甜菜、紫苜蓿、红三叶不适合在酸性土中生长；茶叶则要求强酸性和酸性土，在中性土壤中不能很好生长。⑦易产生毒害物质，土壤过酸容易产生游离态的铝离子和有机酸；碱性土壤中可溶盐分达一定数量后，会直接影响作物的发芽和正常生长，含碳酸钠较多的碱化土壤对作物的毒害作用更大。

水肥一体化中的肥效易受土壤 pH 的影响，在选择适宜的肥料时应充分考虑土壤 pH、肥料品种特性及施肥方法等诸多因素。①应选择不会引起灌溉水及土壤 pH 剧烈变化的肥料品种。常用于水肥一体化的固体肥料有尿素、硝酸铵、硫酸铵、硝酸钙、硝酸钾、磷酸、磷酸二氢钾、磷酸一铵（工业）、氯化钾、硫酸钾、硫酸镁、螯合态微肥等。②酸性土壤宜选用碱性或生理碱性肥料，如硝酸钙等；碱性土壤，尤其是石灰性土壤，宜选择硫酸铵等酸性和生理酸性肥料，提高土壤酸度，使磷不易与钙结合生成难溶的磷酸钙盐类而降低磷的有效性，也可提高硼、锰、钼、锌、铁、铜的有效性。③盐碱地 pH 偏高，磷的利用率低，有效性差，在施肥上应增施水溶性磷肥。长期在酸性土壤上单独施用酸性肥料，会使土壤酸化、板结化和贫瘠化；而在石灰性或碱性土壤上，偏施碱性或生理碱性肥料，会造成土壤次生盐碱化、结构恶化和肥力退化。

182. 什么是土壤质地？

土壤质地是土壤物理性质之一，指土壤中不同直径的矿物颗粒的组合状况。土壤质地与土壤通气、保肥、保水状况及耕作的难易有密切关系；土壤质地是拟定土壤利用、管理和改良措施的重要依据。土壤质地状况是由沙粒、粉粒和黏粒在土壤中的数量决定的。土壤颗粒越小越接近黏粒，越大越接近沙粒。①沙粒含量高的土壤，按质地被分类为沙土。②当土壤中存在少量的粉粒或黏粒时，该土壤不是壤质沙土就是沙质壤土。③主要由黏粒组成的土壤为黏土。④当沙粒、粉粒和黏粒在土壤中的比例相等时，该土壤称作壤土。按照沙粒、粉粒和黏粒的比例不同，可将土壤质地划分为12类，沙土、沙质壤土、壤土、粉沙质壤土、粉沙质黏壤土、黏壤土、粉沙质黏壤土、沙质黏壤土、壤黏土、粉沙质黏土、黏土、重黏土。具体分类标准见表14。

表14　国际制土壤质地分类标准

质地分类		各级土粒重量（%）		
类　别	质地名称	黏粒（<0.002mm）	粉沙粒（0.02～0.002mm）	沙粒（0.02～2mm）
沙土类	沙土及壤质沙土	0～15	0～15	85～100
壤土类	沙质壤土	0～15	0～45	55～85
	壤土	0～15	35～45	40～55
	粉沙质壤土	0～15	45～100	0～55
黏壤土类	沙质黏壤土	15～25	0～30	55～85
	黏壤土	15～25	20～45	30～55
	粉沙质黏壤土	15～25	45～85	0～40
黏土类	沙质黏土	25～45	0～20	55～75
	壤黏土	25～45	0～45	10～55
	粉沙质黏土	25～45	45～75	0～30
	黏土	45～65	0～35	0～55
	重黏土	65～100	0～35	0～35

183. 土壤质地与合理施肥之间有什么关系？

土壤质地和结构直接影响着作物能够从土壤获得的水分与空气的量。土壤中黏粒比沙粒更紧密地结合在一起，这意味着供空气和水占据的孔隙较少；另外，小颗粒比大颗粒具有更大的表面积，随着土壤表面积的增加其吸附或保持水分的能力增强。因此，由于沙土孔隙空间较大，水分能够自由地从土壤中排出，故沙土的保水保肥能力差；黏土吸附相对大量的水分，且黏土的小孔隙能够克服重力而保持水分，因此，黏土保水保肥能力强。然而黏土比沙土保持得更紧固，这意味着其中的无效水分较多。

在地面灌溉条件下，无论是漫灌还是滴灌，可供作物吸收利用的土壤水均依赖灌溉水通过地表进入土壤的一维垂直入渗过程进行补给。而土壤质地、土壤结构和土壤含水量是影响土壤水分入渗特性的主要因素，其中土壤质地占主导作用，决定着灌溉水转换为土壤水的速度和土壤水的分布，进而影响农业灌溉的灌水质量和灌水效果，是各种地面灌水方法中确定灌水技术参数必不可少的重要依据。在相同滴头流量和灌水量条件下，随着土壤种类的增加（或土壤黏性的增加），湿润体的几何尺寸逐渐变小。重壤土湿润体宽而浅，沙壤土湿润体窄而深，而且湿润体内含水率不相同。随土壤种类的变化，湿润锋水平和垂直运移过程的变化相反。随土壤黏性的增加，湿润锋水平运移距离依次增加，而垂直运移距离减小。滴头流量和灌水量相同时，偏沙性土壤水平方向湿润距离小于垂直方向湿润距离；质地较细的土壤水平方向和垂直方向湿润距离接近。因此，在水肥一体化中为了实现水、肥、根三者的统一，应当根据土壤质地选择滴头流量和滴灌速度，防止形成地面径流，同时构造与作物根系分布相一致的水肥分布区。

另外，在水分入渗过程中盐分的运移主要靠重力水的作用，重力水的运动速度和流量主要受土壤的透水性及土壤排水条件影响，而不同质地的土壤决定了其透水性。在冻融过程中由于不同质地土壤的孔隙状况不同，土壤剖面的水分运动速度及流量不同，在冻结过程中，下层土体及地下水中的盐分向上运移的数量就不同，在相同的地下水位情况下，沙壤土剖面的地下水消耗量为黏土的2～4倍，沙壤土冻层中盐分的增量约为黏土的2倍。

184. 什么是土体构型？

土体构型是指各土壤发生层有规律的组合、有序的排列状况，也称为土壤剖面构型，是土壤剖面最重要的特征。土壤剖面指从地面垂直向下的土壤纵剖面，也就是完整的垂直土层序列，是土壤成土过程中物质发生淋溶、淀积、迁移和转化形成的。不同类型的土壤，具有不同形态的土壤剖面。土壤剖面可以表示土壤的外部特征，包括土壤的若干发生层次、颜色、质地、结构、新生体等。在土壤形成过程中，由于物质的迁移和转化，土壤分化成一系列组成、性质和形态各不相同的层次，称为发生层。发生层的顺序及变化情况，反映了土壤的形成过程及土壤性质。土体构型一般分为5种类型，即薄层型、黏质垫层型、均质型、夹层型、砂姜黑土型；此外，按障碍层出现的部位，土体构型又可分为16种。

由于人类的农业活动，在生产中长期的耕作，在耕作层下形成了10厘米左右的犁底层，特别坚硬板结，阻碍了透水、透气和作物根系生长，因此在生产中，通过深耕，把犁底层和隔水层打破，使土壤具有良好的渗水、淋盐和通气性。在盐碱改良中需要注意土壤的钙积层、潜育层、氧化还原层等；在土壤开垦或者植树造林时，需要注意钙积层、潜育层、盐碱层等；在科学施肥和合理灌溉中应该重点考虑土体构型，充分考虑不同土层对水肥运移规律的影响。

185. 什么是地下水位？

地下水位是指地下含水层中水面的高程。根据地下水的水力特征和埋藏条件，分为包气带水、潜水和承压水。包气带水是指在包气带（含有空气的岩土层）中以各种形式存在的水。潜水是埋藏在地表以下、第一隔水层以上、具有自由表面的重力水，直接接受大气降水的补给，水位、水温和水质随着当地气象因素的变化而发生着相应的变化。承压水是指埋藏在地表以下两个隔水层之间具有压力的地下水。当人们凿井打穿不透水层，揭开含水层顶板的时候，承压水便会在水头的作用下上升，直到到达某一高度才会稳定下来。承压水具有稳定的隔水顶板，只能间接接受其上部大气降水和地表水的补给。地下水临界深度（或地下水临界水位）是指在一年中蒸发最强烈的季节不致土壤表层开始积盐的最浅地下水位埋藏深度，当高于此深度时就会导致盐分开始在土壤表层累积，而发生土壤盐渍化，我们把这个深度称为地下水临界深度（或地下水临界水位）。在不同的自然和人为条件下，地下水临界深度不是一个常数，但在相同的自然条件和相同的水利与农业生物、耕作利用措施下临界深度又是相同的。地下水临界深度是研究土壤盐渍化发生及其防治必不可少的重要科学依据和指标，也是科学灌溉的基础。影响地下水临界深度的主要因素有气候条件、土壤性质（与影响土壤毛管性能有关）、水文地质条件（尤其是矿化度）和人为措施4个方面，这些因素的综合作用，支配着土壤季节性水盐动态和年度水盐平衡。

186. 什么是测土配方施肥？

根据《测土配方施肥技术规范（2011年修订版）》的定义，测土配方施肥是以土壤测试和肥料田间试验为基础，根据作物需肥规律、土壤供肥性能和肥料效应，在合理施用有机肥料的基础上，提出氮、磷、钾及中、微量元素等肥料的施用品种、数量、施肥时期和施用方法。

测土配方施肥技术以养分归还（补偿）学说、最小养分律、同等重要律、不可替代律、肥料效应报酬递减律和因子综合作用律等为理论依据，以确定每种养分的施肥总量和配比为主要内容。为了发挥肥料的最大增产效益，施肥必须将良种、肥水管理、种植密度、耕作制度和气候变化等影响肥效的各因素结合，形成一套完整的施肥技术体系。

测土配方施肥应遵循的主要原则有3条：①有机与无机相结合。实施测土配方施肥必须以有机肥料为基础，土壤有机质是土壤肥沃程度的重要指标。增施有机肥料可以增加土壤有机质含量，改善土壤理化生物性状，提高土壤保水保肥能力，增强土壤微生物的活性，促进化肥利用率的提高。因此，必须坚持多种形式的有机肥料投入，才能够培肥地力，实现农业可持续发展。②大、中、微量元素配合。各种营养元素的配合是配方施肥的重要内容，随着产量的不断提高，在耕地高度集约利用的情况下，必须进一步强调氮、磷、钾肥的相互配合，并补充必要的中、微量元素，才能高产稳产。③用地与养地相结合。投入与产出相平衡要使作物-土壤-肥料形成物质和能量的良性循环，必须坚持用养结合，投入产出相平衡；破坏或消耗了土壤肥力，就意味着降低了农业再生产的能力。

187. 水肥一体化条件下测土配方应该注意什么？

通过“水肥一体化”和“测土配方施肥”这两个概念的对比分析，我们可以发现，土壤测试或者土壤养分状况是水肥一体化与测土配方的共性点，但是不等于氮、磷、钾是唯一的共性点。

除了氮、磷、钾水肥一体化条件下，我们测土配方施肥更需要关注以下问题。

（1）土壤质地和土壤结构。土壤质地是土壤物理性质之一，指土壤中不同直径的矿物颗粒的组合状况。土壤结构是指各土壤发生层有规律的组合、有序的排列状况，也称为土壤剖面构型，是土壤剖面最重要的特征。土壤质地、土壤结构和土壤含水量是影响土壤水分入渗特性的主要因素，其中土壤质地占主导作用，决定着灌溉水转换为土壤水的速度和土壤水的分布；同样土壤质地和土壤结构也直接影响水肥一体化后养分在土壤中的分布状况。因此，测土第一步需要测土壤质地和土壤结构。

（2）土壤酸碱度和盐分状况。水肥一体化中的肥效易受土壤 pH 的影响，在选择适宜的肥料时应充分考虑土壤 pH、肥料品种特性及施肥方法等诸多因素。

因此，为了提高水肥一体化的利用效率和选择更合适的肥料，第二步我们应该测土壤酸碱性，然后分析土壤的盐碱状况等。

（3）中、微量元素，尤其是关键敏感的中、微量元素。中、微量元素大多是植物体内促进光合作用、呼吸作用以及物质转化作用等的酶或辅酶的组成部分，在植物体内非常活跃。作物缺乏任何一种中、微量元素时，生长发育都会受到抑制，导致减产和品质下降，严重的甚至绝收。

正常的水肥一体化条件下，土壤中氮、磷、钾含量不再是制约作物高产的瓶颈；恰恰我们忽视了四两拨千斤中的“四两”，也就是中、微量元素，尤其是关键作物对应的特殊中、微量元素。因此，建议水肥一体化条件下，测土配方的第三步是测中、微量元素，但不是全部中、微量元素，而是与特殊作物生长密切相关的中、微量元素中的一种或者几种。

（4）水分分布特征。由于滴灌随水施肥的特点，养分也集中分布在由滴水形成的湿润体内，在土深 50 厘米以下养分含量显著降低；另外滴灌可适时适量灌溉施肥，“水分养分同时供应，少量多次，养分平衡”的施肥方式，有利于提高水肥利用效率。另外，滴灌不仅对水肥分布产生影响，与普通沟灌相比，其独特的水肥供应方式和灌溉量使作物的整个养分吸收过程和运移机制表现出明显的差异。但是氮、磷、钾养分在土壤中的运移特点因土壤质地、肥料种类以及施肥策略而异。因此，建议测土配方施肥的第四步是明确土壤的水分分布特征。

(5) 氮、磷、钾状况分析。摸清楚基本情况，我们才应该开始氮、磷、钾角度的测土配方施肥；首先要做到速效氮、磷、钾的测定，如果有其他需求再做全量氮、磷、钾的测定。至于有机质，对于新疆滴灌条件下的测土配方施肥，仅了解下有机质状况就可以了，不需要基于有机质进行测土配方施肥。

最后，我们再看看水肥一体化条件下测土配方的顺序应该是：第一步质地与土壤结构，第二步酸碱度与盐分，第三步中微量元素，第四步水分分布，第五步氮磷钾，第六步有机质。

下面归纳一段话便于大家记忆：

按需供应氮磷钾，水肥一体是前提；

测土配方与施肥，滴灌条件大不同。

土壤质地与结构，酸碱状况与盐分；

中微量可拨千斤，水分运移定养分。

氮磷钾与有机质，先测硝态与铵态；

再做速效磷和钾，全量养分莫着急。

188. 测土配方施肥技术在水肥一体化中如何应用?

测土配方施肥是一项先进的科学技术，在生产中应用可以实现增产增效。在不增加化肥投资的前提下，调整化肥 N、P_2O_5、K_2O 的比例，起到增产增收的作用。一些经济发达地区和高产地区，由于农户缺乏科学施肥的知识和技术，往往以高肥换取高产，经济效益很低。通过测土配方施肥技术，适当减少某一肥料的用量，以取得增产或平产的效果，实现增效的目的。对化肥用量水平很低或单一施用某种养分肥料的地区和田块，合理增加肥料用量或配施某一养分肥料，可使农作物大幅度增产，从而实现增效。

土壤养分含量的测量，对土壤的各项指标的认识和进行合理施肥都有相当大的作用。目前耕地地力评价过程中耕地养分采集与养分含量计算的主要过程如下：①将采样区域划分为若干个采样单元，每个采样单元的土壤性状要尽可能均匀一致。②大田作物平均每个采样单元为100～200亩，采样集中在位于每个采样单元相对中心位置的典型地块，采样地块面积为1～10亩，采用GPS定位。③采样时应沿着一定的线路，按照“随机”“等量”和“多点混合”的原则进行采样，利用“S”形或者“梅花”形布点采样。④每个采样分点的取土深度及采样量应保持一致，土样上层与下层的比例要相同，滴灌要避开滴头湿润区。⑤测试耕地地力样品中养分含量。⑥通过加权计算法确定耕地地力综合指数。

在目前的《测土配方施肥技术规范》和《耕地地力调查与质量评价技术规程》中只提到取样过程中滴灌要避开滴头湿润区，但均未考虑滴灌施肥的独特水肥供应方式和栽培模式对整个耕地养分空间变异的影响，更没有采取有效的取样措施进行处理，往往造成对耕地养分含量的过高或者过低估计，影响整个耕地地力评价过程。根据滴灌施肥的养分分布特征和耕地地力评价的需求，对滴灌施肥条件下收获季节耕地养分含量的计算提出以下几点思考：①根据与滴灌带的距离，分空间位点及深度取样，即选择一个滴灌施肥造成的空间变异区，然后将空间变异区根据其水肥运移特征，分为若干个区域（一般滴头左右15厘米、中间无灌溉的空地、剩余部分），如1膜1管2行（30厘米+90厘米）模式种植的玉米农田，可以将滴灌带左右15厘米的取样划分为高养分区，两条滴灌带中间50厘米空间划分为低养分区，剩余两侧各20厘米的相夹的空间划分为中养分区；然后在3个区域中心分层次取样。②由于目前滴灌施肥普遍采用的是线型滴灌，水肥均是按照以滴灌带为中心向两侧变化；同时作物播种的时候也是线型播种，而且当遇到作物连作时我们要避开上一个耕作季的播种行，一般播种在50厘米的低养分区，因此在为下一个耕作季评估土壤养分提高量时，建议采用低养分区样品中的土壤养分含量进行分析。③由于滴灌施肥水肥均呈椭球形分布，因此在用加权计算法确定耕地地力综合指数时，建议先按照多点位和多深度的养分含量，做垂直剖面的养分曲线分布图，然后加权计算耕层的平均土壤养分含量，最后根据各个养分的系数计算耕地地力综合指标。

因此，在水肥一体化条件下的测土配方施肥执行中，首先要考虑农田施肥状况及可能的养分分布状况，设计取样位点和取样路线；然后按照栽培模式、施肥模式等综合因素，合理分析土壤养分，计算土壤养分含量；最后选择当地或者类似区域相近栽培模式的“3414”结果和需肥规律，根据作物需肥规律、土壤供肥性能和肥料效应，在合理施用有机肥料的基础上，提出氮、磷、钾及中、微量元素等肥料的施用品种、数量、施肥时期和施用方法。

189. 如何确定土壤供氮能力?

土壤氮素是土壤肥力的重要组成部分和作物氮素营养的主要来源。土壤氮素供应主要依赖于有机氮的矿化，而有机氮的矿化受植物、温度、水分等多种因素的影响，这使得土壤氮素测试方法的选择非常困难。一般有如下几类方法。

（1）生物方法（培养矿化法）。土壤可矿化氮培养测定法，是采取模拟田间条件影响土壤氮素矿化自然过程的综合作用，将土壤样品放在适宜于土壤微生物活动的条件下培养一段时间后，测定在培养期间土壤有机质中氮素因微生物分解形成的矿质态氮的含量，代表土壤中潜在的可矿化有机氮，也就是土壤的有效氮。这种方法总称为培养矿化法或矿化率法。培养法测定土壤可矿化氮的方法分为两类，一类是好气性培养法，另一类是嫌气性（厌气、淹水）培养法。

（2）化学方法（全氮法、碱解氮法、初始无机氮法）。化学提取方法与培养方法相比，具有快速、准确、方便等优点。它基于以下原理：土壤有效氮主要是指有机氮中易分解的那部分氮，用适当的化学试剂作用于土壤有机质以提取这部分易分解的有机氮，实际上也就是促进其矿化。具体浸提方法包括：①酸提取法及酸水解法。②碱提取法及碱水解法。③水（沸水）提取法。④盐类溶液提取法，KCl 加热浸取有效氮是近年来受到研究者关注的土壤有效氮测定方法。

土壤起始矿质氮作为指标：作物播前土壤能供给作物的氮素主要

有两部分，一是土壤中已存在的硝态氮和铵态氮，称为起始矿质氮或已矿化氮，二是作物生长期间土壤有机氮的矿化，称为可矿化氮；一定深度土壤起始硝态氮能在一定程度上反映旱地土壤的供氮能力，是较好的旱地土壤供氮能力指标。

（3）物理化学方法（电超滤法）。电超滤法（EUF）是在生物培养法和化学浸提法外，利用物理化学方法来反映土壤供氮能力的又一种方法，其工作原理与电渗析相同。

土壤剖面无机氮（N_{min}）：在施底肥前取土样，采样深度依作物可吸收的深度而定，如0～30厘米、0～60厘米、0～90厘米，分析无机氮（硝态氮加铵态氮），不同作物不同目标产量有对应的总需氮量。作物需氮量通过不同目标产量对应的总氮量减去初始无机氮含量来确定。N_{min}方法的模式可用下式表述：$N_f=a-bN_m$，其中，N_f为施氮量，N_m为土壤剖面无机氮量，a为作物总需氮量，b为肥料氮与土壤无机氮的转换系数。

土壤中氮含量的测定方法主要有：①化学分析法（半微量克氏法和还原蒸馏法等）。②光学分析法（紫外分光光度法、双波长分光光度法、近红外光谱法、镀铜镉还原-重氮化偶合比色法等）。③电分析化学法（离子选择电极法和毛细管电泳分析法等）。④仪器分析法（土壤肥力仪法、TOC测定仪测定全氮、凯氏定氮仪、流动分析仪等）。⑤混合法及其他（示波极谱滴定法、生物培养法、开氏消煮-常量蒸馏-纳氏试剂光度法等）。

190. 怎样测定土壤有效磷？

土壤中的磷素大部分以迟效性状态存在，土壤中可被植物吸收的磷组分包括全部水溶性磷、部分吸附态磷及有机态磷（有的土壤中还包括某些沉淀态磷），这些可以被植物吸收的磷统称为有效磷。在化学上，有效磷的定义为：能与^{32}P进行同位素交换的或容易被某些化学试剂提取的磷及土壤溶液中的磷酸盐。在植物营养上，土壤有效磷是指土壤中对植物有效或可被植物利用的磷，当采用化学提取剂测定土壤有效磷的含量时只能提取出很少一部分植物有效磷，因此有效磷时常也称为速效磷。应用于世界各地的土壤有效磷的主要测试方法有包括非化学方法 Pi 滤纸法在内的 60 余种，较常用的如 AB-DTPA 法、Bray-1 法、Bray-2 法、Citric acid 法、Egner 法、ISFEIP 法、Mehlich-1 法、Mehlich-2 法、Mehlich-3 法、Morgan 法、Olsen 法、Truog 法。AB-DTPA 和 Mehlich-3 法可同时测定多种元素；Mehlich-3 法适用于无论是呈酸性还是呈碱性反应的较广的土壤类型；以测定酸性土壤为主的方法有 Bray 1 法和 Morgan 法以及修正 Morgan 法等；Olsen 法适用于石灰性土壤。目前化学试剂从土壤中提取同相磷有 4 种反应方式：①酸的溶解。酸性提取剂提供了充足的氢离子活性来溶解磷酸钙和一些铝磷和铁磷。其溶解度依次为：Ca-P、Al-P、Fe-P。②阴离子置换反应。吸附于 $CaCO_3$ 和铁铝水合氧化物表面的磷可以被醋酸根、柠檬酸根、乳酸根、硫酸根及碳酸氢根等其他阴离子取代，氟化物和一定的有机阴离子能和铝络合，含有这些阴离子的提取剂能置换 Al-P 化合物中的磷，重碳酸盐与可溶性的钙生成 $CaCO_3$ 沉淀，致使 Ca-P 释放。③阳离子键合磷的配位。氟离子可以有效地配位 Al 离子，以此从 A1-P 中释放磷，氟离子可以使钙沉淀，并且因此以 $CaHPO_4$ 的形态存在于土壤中的磷将被含氟离子的溶液提取。④阳离子键合磷的水解。在 pH 高的情况下（提取液含有氢氧离子）阳离子发生水解，氢氧根离子通过水解铝和铁分解部分 Al-P 和 Fe-P 而提取磷。

191. 怎样测定土壤有效钾?

钾是植物生长三要素之一，对植物籽粒的成熟起到重要作用，能促进籽粒饱满成熟。交换性钾和溶液中的钾可迅速被植物吸收，在大多数土壤测试中，常作为“有效”土壤钾来提取和测定，土壤中有效钾的多少直接影响各种作物对钾的反应。

对土壤供钾能力的研究，已建立了多种测定土壤有效钾的分析方法，不同国家，不同地区，甚至不同的土壤类型有不同的测定方法。1 摩/升中性 NH_4Ac 提取法因其与当季作物对钾效应的相关性好、操作简单方便而使用广泛。此外，还有 2 摩/升冷 HNO_3 法和 0.05 摩/升 HCl+0.012 5 摩/升 H_2SO_4 法。浸提液中钾的检测方法包括：①重量法。四苯硼化钠重量法测定钾，是最经典的常量钾的检测方法。该方法是在微酸性溶液中，四苯硼化钠与钾离子反应，生成一种晶态的、具有一定组成、溶解度很小的白色沉淀，成功地被应用于钾的测定。②滴定法。四苯硼钠-季铵盐滴定法测钾，是在碱性的介质溶液中，加入过量的四苯硼钠标准溶液与钾定量生成稳定的四苯硼钾沉淀，过剩的四苯硼钠同季铵盐（溴化三甲基十六烷基铵）作用形成四苯硼季铵盐沉淀，使用松节油包裹四苯硼钾沉淀，以免其在回滴时解离，过量季铵盐和达旦黄指示剂反应形成粉红色以指示终点。③电位滴定法。根据滴定过程中指示电极电位的突跃，确定滴定终点的一种电容量分析法。通常采用离子选择性电极或金属惰性电极作为指示电极。④离子选择电极法。对某种特定的离子具有选择性响应，它能够将溶液中特定的离子含量转换成相应的电位，从而实现化学量-电学量的转换。⑤离子色谱法。利用离子交换原理，在离子交换柱内快速分离各种离子，由抑制器除去淋洗液中强电解质以扣除其本底电导，再用电导检测器连续测定流出的电导值，便得到各种离子色谱峰，峰面积不同和标准相对应而建立定量分析方法。⑥比浊法。四苯硼钠比浊法测钾是通过钾离子与 $NaB(C_6H_5)_4$ 反应生成不溶性的 $KB(C_6H_5)_4$，产生的浊度在一定范围内与钾离子的浓度成正比，根据浊度可检测样品中钾的含量。⑦红外光谱分析法。红外光谱分析法可对产品或原材料进行分析与鉴定，确定物质的化学组成和化学结构，检查样品的纯度。⑧火焰光度计法。样品中的原子因火焰的热能被激发处于激发态，激发态的原子不稳定，迅速回到基态，放出能量，发射出元素特有的波长辐射谱线，利用此原理进行光谱分析。⑨原子吸收光谱法。在待测元素特定和独有的波长下，通过测量试样所产生的原子蒸气对辐射光的吸收，来测定试样中该元素浓度的一种方法。⑩ICP-AES法。是当氩气通过等离子体火炬时，经射频发生器所产生的交变电磁场使其电离，加速并与其他氩原子碰撞，这种连锁反应使更多的氩原子电离，形成原子、离子、电子的粒子混合气体，即等离子体。不同元素的原子在激发或电离时可发射出特征光谱，所以等离子体发射光谱可用来定性测定样品中存在的元素。⑪X荧光光谱法。是样品受射线照射后，其中各元素原子的内壳层电子被激发、逐出原子而引起壳层电子跃迁，并发射出该元素的特征 X 射线（荧光）。每一种元素都有特征波长（或能量）的特征 X 射线。通过检测样品中特征 X 射线的波长（或能量），便可确定样品存在何种元素。⑫测钾仪。测钾仪法是一种放射性测钾的方法。基于自然界中钾的3 种同位素^{39}K、^{40}K 和^{41}K 中仅^{40}K 具有放射性进行钾的测定。

192. 什么是土壤有机质？

土壤有机质：存在于土壤中的所有含碳的有机物质，包括土壤中各种动、植物残体、微生物及其分解和合成的各种有机物质，包含生命体和非生命体。

土壤有机质的作用：为植物提供营养元素；是微生物生命活动的能源；对土壤各项性质有重要影响；对重金属、农药等有机、无机污染物质的行为有重要影响；土壤有机质对全球碳平衡起重要作用，被认为是影响温室气体的主要因素。

土壤有机质的来源和转化过程有哪些呢？

土壤有机质的来源

（1）微生物：最早的来源。

（2）动、植物残体和根系分泌物：基本来源。

①自然土壤：热带雨林凋落物干重，亚热带常绿阔叶和落叶阔叶林、暖温带落叶阔叶林、温带针阔混交林、寒温带针叶林、荒漠。

②耕作土壤：根茬、有机肥料、废水、废渣、微生物制品、有机农药等。

土壤有机质的分解和转化

（1）植物残体的分解和转化。植物残体主要包括根、茎、叶的死亡组织，是由不同种类的有机化合物组成、具有一定生物构造的有机整体，其分解不同于单一有机化合物。

（2）矿化过程。在微生物酶的作用下，有机化合物被彻底氧化分解为二氧化碳、水，释放出能量，氮、磷、硫等同时被释放。

（3）腐殖化过程。各种有机化合物通过微生物的合成或在原植物组织中聚合转变为组成和结构比原来有机化合物更为复杂的新的有机化合物。

（4）土壤腐殖物质的分解和转化。

第一阶段：经过物理化学作用和生物降解，使其芳香结构核心与其复合的简单有机物分离，或是整个复合体解体。

第二阶段：释放的简单有机化合物被分解和转化，酚类聚合物被氧化。

第三阶段：脂肪酸被分解，被释放的芳香族化合物（如酚类）参与新腐殖质的形成。

土壤有机质泛指以各种形态和状态存在于土壤中的各种含碳有机化合物；包括土壤中的动物、植物及微生物残体的不同分解、合成阶段的各种产物，其中，土壤中特殊的含碳有机化合物——腐殖质是土壤有机质的主体。土壤有机质含有的植物生长所需要的各种营养成分随着有机质的矿化被不断地释放出来供植物和微生物利用，同时释放出微生物生命活动所必需的能量，并通过提高土壤颗粒的稳定性、改变土壤的热学特性、影响土壤中阳离子交换量等从而最终影响土壤的物理和化学作用。

193. 影响作物根系生长发育的因素有哪些？

根系是连接植物与土壤的桥梁，也是感知土壤环境的器官，对土壤环境变化极其敏感。植物根系的地下分配格局会对整个生态系统产生重要的影响，尤其是给植物生长提供所需水分和养分的细根，其空间结构不仅决定了根系对地下资源的利用效果及潜力，同时还反映了土壤中水分和养分的分配格局，并且会对不同的土壤养分、水分梯度及土壤其他特性做出响应。土壤的物质和能量被植物获取和利用均是通过根系实现的。根系除了受基因型控制外，其分布在很大程度上受外界环境条件的影响，施肥、灌水、种植密度、土壤物理性状等均会影响作物根系在土体中的分布。①水分是制约农业生产发展的主要因子之一，根系对水分很敏感，土壤含水量的多少影响根系的形成、分布、吸收及生理活性。②土壤养分对根系具有一定的调控作用。施肥可以促进作物根系生长，从而促进作物对深层土壤水分的吸收利用；施肥有利于根系的延伸和在整个剖面的分布，为作物对水分和养分的吸收利用提供条件。氮素过多或不足均抑制根系的生长发育；磷营养对根长的作用因土壤水分状况而异，在土壤严重缺水的条件下，施磷对促进根系生长具有极其显著的作用，随后随土壤含水量的提高肥效逐渐下降。水分条件差时，多施磷肥对促进根系生长效果良好。③温度不仅对作物地上部分的生长发育产生影响，对作物地下部分根系的生长发育也有明显作用。适温和高温有利于根分枝的发生和伸长，使根系数量和根长增加；较低的土壤温度则可以延缓根细胞的衰老，增强根系的生理活性。④土壤紧实度直接影响土壤中水、肥、气、热等状况，进而影响作物根系生长发育和产量形成。⑤离子（包括重金属离子和盐分离子等）在植物体内富集主要集中于根部，同时根区也是感受离子毒害最为敏感的部分。

194. 灌溉方式是否影响作物根系分布特征？

滴灌水肥一体化技术高频度的灌溉、缓慢施加少量的水肥作用于作物的根部，使作物始终处于较优的水肥条件下，而避免了其他灌水方式产生的周期性水分过多或水分和养分亏缺的现象。然而滴灌条件下的土壤水肥分布与降雨及漫灌情况下的土壤水肥分布具有较大的差异，滴灌水分由灌水器直接滴入作物根部附近的土壤，在作物根区形成一个椭球形或球形湿润体。虽然灌水次数多，但仅湿润根区土壤，湿润深度较浅，而作物行间土壤保持相对干燥，形成了一个明显的干-湿界面。因此，滴灌条件下根区表层（0～30 厘米）土壤含水量较高，与沟灌相比，大量有效水集中在根部。由于滴灌随水施肥的特点，养分也集中分布在由滴水形成的湿润体内，在土深 50 厘米以下养分含量显著降低。另外，与普通沟灌相比，其独特的水肥供应方式和灌溉量使作物的整个养分吸收过程和运移机制表现出明显的差异。因此，与普通沟灌相比，滴灌水肥一体化在土壤温度、水肥分布以及盐分运移等方面均明显不同，浅层水肥供应及膜间盐分聚集加剧了作物根系贴近地表分布生长，限制了作物根系的下扎，并且使其朝滴灌带和膜内侧方向密集分布，呈极不对称的“马尾巴型”。

膜下滴灌棉花浅层根系较为发达，水平方向不对称分布，外行区棉花侧根上部大都向滴灌带所在区域伸展，而在较深层次的侧根则朝向远离滴灌带的内行区伸展。对比葡萄滴灌和漫灌根系分布发现，滴灌葡萄根系垂直和水平分布较漫灌葡萄更加集中，根幅相对较小，但滴灌葡萄吸收根的总量大于漫灌。

195. 田间如何定位滴灌作物根系分布？

根系是作物吸收养分和水分的主要器官，根系获取水分和养分的能力一是取决于根系的生长状况（如根系的长度、重量和表面积等），二是取决于根系在土壤中的空间分布状况。根系的形态结构决定了根系获取水分、养分的空间和范围以及与相邻根系的资源竞争能力，滴灌水肥一体化条件下，水肥供应几乎完全可以实现人为控制，这为通过管理来提高作物对水肥的利用效率提供了非常好的契机，也有助于水肥一体化过程中作物根系分布区-水分分布区-养分分布区的统一（即根区灌溉施肥）。由于土壤限制根系的可观察性，田间条件下研究根系比较困难，长期以来根系分布仍然是水肥一体化技术应用中的一个薄弱环节。简单归纳一下根系定位和研究方法主要有以下两类。

（1）传统方法。传统的根系研究方法，大多采用挖掘法、钻土芯、网袋法、分根移位法等，将根系分离出来，通过洗根、扫描的方式进行根系信息的收集。传统方法虽然简单易行、直观性强，但是取样后期需要做的工作较多，如洗根等。在取样过程中，会因人工、机械等因素导致根系的损失，且同一作物的全程连续观测无法实现，在一定程度上限制了根系研究工作的进行。

（2）现代方法。根系原位监测系统，是一种破坏性较小、定点原位野外观察细根生长动态的方法。利用微根管方法可以在多个时段对根系进行原位重复观测，克服了仅依靠对根系进行物理取样所带来的诸多缺陷。但是在水肥一体化技术应用中非专业机构无法开展。

196. 按照生产工艺大量元素水溶肥料分为哪几类？

大量元素水溶肥料按照生产过程主要分为物理混配型和化学合成型两种。

（1）物理混配型。物理混配将含有氮、磷、钾等养分的农用尿素、硫酸铵、氯化铵、磷酸一铵、磷酸二氢钾、磷酸二铵、硫酸钾、氯化钾、硝酸钾、硫酸钾镁、硫酸镁、水溶性有机物以及各种微量元素等基础原料肥按照相应的配方，通过预处理机、混料机等机械设备，采用物理混合方式直接混配成水溶肥。其生产技术相对简单。通过物理混配工艺生产的产品，各原料的纯度已经确定，导致即使大量元素水溶肥料中有很少甚至没有杂质或者不溶物，若滴灌水的硬度较大，钙、镁杂质含量较高，在一定酸度条件下也会产生钙、镁沉淀。此外，由于物理混配型水溶性肥料采用的原料形状、粒度、色泽参差不齐，因此要严格控制产品外观。

（2）化学合成型。各种含氮、磷、钾等养分的原料在一定温度、酸碱度等控制条件下，经过溶解、过滤除杂、反应、蒸发浓缩、冷却结晶等一系列特定化学反应及工艺过程后，最终通过结晶分离得到全水溶的结晶产品。该生产工艺技术复杂，要实现全化学反应，必须在生产系统的液相中进行。化学合成型水溶性肥料的难点在于合成反应过程，两相、三相甚至更多相的循环溶液在低温冷却结晶过程中会出现重结晶现象，易形成较为复杂的复盐，导致产品氮、磷、钾养分含量出现波动。

197. 滴灌出苗水为什么要带肥？

首先，我们继续强调一个基本理念——滴灌是浇作物不是浇地，即出苗水灌溉的是有限土壤，而不是全部耕层土壤。以滴灌棉花“1膜3管6行模式种植，10厘米+66厘米宽窄行种植，76厘米一根滴灌带”的栽培模式来分析，“滴灌出苗水，以超过种子行2～3厘米为宜”，这是前面章节推荐的灌溉量。简而言之，出苗水只需要灌溉20%左右的面积，现在我们出苗水的亩灌溉面积实际上是133米^2，而不是667米^2；一般棉花播种行2～3厘米，出苗水灌溉深度为5～10厘米，相对于25厘米以上的耕层来讲，我们也只需要灌溉25%的深度。综合宽度和深度分析，出苗水灌溉的面积是实际土壤体积的5%左右。

如果只是为了提高棉花苗期抗逆性而适当改善根区土壤微环境呢？我们只需要在原料有机质的基础上增加2%～3%就会有效果。

新疆土壤有机质普遍低于1%，我们在原料的基础上增加2%～3%，也就是整体增加有机质0.02%，这个时候需要的有机肥约等于3.6千克。

出苗水带肥虽然不能改良整个土壤，也不可能实现改良盐碱土和提高土壤有机质的效果，但是可以改善根区微环境，改善种子行的微环境，缓冲盐碱，平衡土壤微环境，为根区微生物提供能量，从而提高作物出苗率和出苗势。

另外，滴灌带的出苗水带肥料，肥随着灌溉水进行迁移，水肥同步到达种子行，有水的地方就有肥料，这样基本上肥料分布的地方、浇水的地方、作物播种行或者根系行相对统一，苗期作物就可以直接吸收到养分了。

198. 为什么盐碱地条件下，滴灌棉田遇到较大降雨会出现死苗的情况？

盐碱土的主要危害是因含有过多的可溶性盐分而影响作物成活和生长发育，其次是因含过量的盐分而派生出来的许多不良土壤性状而使土壤肥力得不到发挥，当土壤含盐量超过千分之一时，便对作物的生长开始有抑制作用。盐胁迫对植物造成的危害主要是离子毒害、渗透胁迫两方面。

盐碱地在滴灌条件下，土壤中盐分的运移一般包括以下两个重要过程：①在滴头灌水时，土壤盐分随入渗水向四周迁移的过程。由于滴头向土壤供水是一个点源空间三维的入渗问题，因此土壤盐分也将在水分的携带下，沿点源的径向不断向四周迁移。②滴头停止灌水后，地表不再有积水下渗，此时土壤水分主要是在土壤水势梯度以及在植物蒸腾和土面蒸发作用下进行再分布，则盐分也将随着水分的再分布而迁移。一般情况下，在外界大气蒸发能力的影响下，土壤盐分多呈现为向表土的积盐过程。但由于覆膜种植阻断了土壤水分与大气之间的直接联系，改变了蒸发体上边界的条件，从而起到了抑制土面蒸发的作用。这一作用，不仅增加了作物对土壤水利用的有效性，达到了节水的目的，而且也大大抑制和减缓了表土返盐的过程。

因此，将滴灌入渗过程中土壤含盐量低于土壤初始含盐量的区域称为脱盐区，而将土壤含盐量高于土壤初始含盐量的区域称为积盐区。滴灌所形成的脱盐区又可分为两个子区，一个是作物可以正常生长的淡化区，可称为达标脱盐区；另一个是超出作物耐盐度（如棉花的耐盐度为5克/千克）的淡化区，可称为未达标脱盐区。这样在一次滴灌灌水后，从土壤盐分重新分布后的盐分状况与作物生长的关系来看，土壤盐分的分布状况可划成3个区，即达标脱盐区、未达标脱盐区及积盐区。

降雨以雨滴的形式降落到土壤表面，在重力和毛管力的作用下下渗。但是由于地膜覆盖的影响，降雨在地膜表面形成径流，部分在播种穴入渗；大部分雨水通过未覆盖地膜的中间高盐区均入渗进入土壤，在宽行表面形成一个小的饱和区；在一定时间内土壤湿润体继续扩大，盐分随着降雨也向作物播种行运移，造成播种行土壤盐分含量增加，苗期棉花等作物抗逆性较弱，抗盐碱能力差，这样就会出现死苗的情况。

199. 如何提高土壤有机质、实现藏粮于地？

作物的产量随着土壤有机质含量的增加而增加。一般来说随着土壤有机质含量的增加，综合产量增加，逐渐趋于平衡，根据长期试验，土壤有机质含量每提升1克，在东北、西北、华北，玉米和小麦每公顷增产近1 000千克，南方地区小麦、玉米少一些，水稻增产350千克，这些数据为政府提出的“藏粮于地、藏粮于技”提供了重要参数。

进入土壤的有机物质的组成相当复杂，主要为各种植物残体，其组成和各成分的含量因植物种类、器官、年龄不同而差异较大，其中，碳、氧、氢、氮占90%～95%（碳占40%），还有其他营养元素。土壤有机质由非腐殖物质和腐殖物质组成，通常占土壤有机质的90%以上（残体＋微生物占10%）；腐殖物质是经过土壤微生物作用后，由多酚和多醌类物质聚合而成的含芳香环结构的、新形成的黄色至棕黑色的非晶形高分子有机化合物，是土壤有机质的主体，是最难降解的组分。

那么我们现在算一个账，一亩地667米^2，我们按照25厘米土层计算，土壤容重为1.3克/厘米^3，那么一亩地有多少土壤呢？答案是217吨土壤，那么增加百分之一有机质需要2.17吨有机质。折合成有机肥是多少呢？按照《有机肥料》（NY 525—2012）中有机肥的标准：有机质的质量含量（烘干计）大于45%；那么土壤增加1%有机质需要的有机肥是2.17÷0.45=4.82吨。

但是这近5吨有机肥进入土壤经过分解转化还有多少呢？

土壤腐殖物质的形成过程称为腐殖化作用，包括微生物的生物化学过程和纯化学过程。一般用腐殖化系数来度量。腐殖化系数是指定量加入土壤中的植物残体（以碳量计）腐解一年后的残留量（以碳量计）与原加入量的比值。腐殖化系数取决于有机物本身和环境条件，一般旱地土壤的腐殖化系数为0.20～0.30，水田的腐殖化系数则为0.25～0.40。我们按照腐殖化系数0.25计算，土壤增加1%的腐殖质需要的有机肥是20吨。

要增加土壤有机质就必须使土壤有机质积累量大于有机质降解量，使有机质转化的平衡过程向有机质含量提高的方向移动，但有机质含量提高是个缓慢的过程。

（1）增施有机肥是增加土壤有机质最有效、最直接的方法。有机肥施入土壤后，首先改善了土壤团粒结构，提高了保水、保肥能力，为植物生长创造良好的土壤环境；其次，良好的结构促进土壤微生物活性和酶活性的增强，有利于提高土壤缓冲性和抗逆性。

（2）推广秸秆还田腐熟技术。秸秆中含有一定的氮、磷、钾等多种元素，同时富含纤维素和蛋白质。因此，许多国家已将秸秆还田作为农业生产中土壤改良培肥的一项有效措施。

（3）种植绿肥。绿肥是指所有能翻耕到土壤中作为肥料用的绿色植物，种植绿肥是利用部分闲置土地生产优质有机肥料的一种方式。在不与粮食等农作物争地、不影响粮食和主要经济作物发展的情况下，选择冬闲田、秋闲田相对比较多、当地有种植绿肥习惯的区域，集中连片示范种植绿肥。

（4）保护性耕作。由于保护性耕作减少了对土壤的翻动，深层土壤接触空气的机会减少，残留于田间或另外覆盖于土壤之上的秸秆等有机物料的降解使得归还到土壤的有机质数量增加。

(5) 综合应用地力培肥技术。采取秸秆还田、增施有机肥、施用调理剂、种植肥田作物等两种以上技术。

200. 灌溉施肥推广应用中存在的问题有哪些?

(1) 一次性资金投入大。尽管水肥一体化技术已日趋成熟，有上述诸多优点，但是因为其属于设备施肥，需要购买必需的设备，其最大局限性在于一次性投资较大。根据近几年的灌溉和施肥设备市场价格估计，大田采用微喷灌水肥一体化亩均投入为600～1 500元，而温室灌溉施肥的投资比大田更高；喷微灌水肥一体化亩均成本也在400～2 500元。另外滴灌水肥一体化技术已在新疆大田种植（尤其是棉花）中被广泛采用，采用滴灌水肥一体化技术后，棉花生产成本发生了变化，在滴灌技术下南、北疆棉花成本存在显著差异，在棉花种植中占总投入的12%～20%；同时滴灌设备的投资回收期较长，需要配套的播种铺膜农机具。

(2) 水肥一体化工程规划与设计欠规范。规划是滴灌水肥一体化系统设计的前提，它制约着水肥一体化工程投资、效益和运行管理等多方面指标，关系到整个滴灌工程的质量及其合理性，是决定滴灌工程成败的重要工作之一；滴灌系统的设计是在科学规划的基础上，根据当地的地理环境、水源水质、作物及栽培耕作方式等条件，因地制宜地配置滴灌系统。但我国目前绝大部分地区还没有将水肥一体化工程纳入农田水利工程规划，且田间设计和系统配置也不尽合理。应加强这方面的工作，特别要注重节水与农艺的结合。另外不同作物田间滴灌带铺置模式、每公顷滴灌带使用长度和灌水器数量以及灌水器流量均存在较大的差别，经常出现出水桩流量与灌水器总流量之间有较大差异、造成灌水器压力过高或者过低、影响灌溉均匀度的情况。

(3) 水肥一体化技术应用不到位。目前相当一部分滴灌区只注重滴灌的田间装备，没有重视与农艺技术结合，特别是没有实施随水施肥或者是技术措施还没完全到位，滴灌的综合效益没有得到充分发挥。部分农民滴灌施肥不是按照基肥情况和作物需肥规律进行，多是凭经验随意进行，肥料配比、用量、滴肥时间及次数不合理较为严重，影响了先进滴灌设备的施肥效益和水肥一体化技术的发展。另外，目前市场上销售的滴灌专用肥名为专用实为通用，另外肥料生产企业普遍对农化服务也不够重视，多数企业只注重肥料配方的经济性和产品的宣传，对农民用肥指导、服务的少，造成肥料配方单一并且不科学。应加强灌溉及施肥制度的属地化研究，尽快推进滴灌随水施肥。

（4）滴灌设备及产品不配套、成本高。滴灌器材目前还没有设立行业标准，生产不规范、质量不稳定，田间作业机械还不配套，水溶性肥料产品混乱，产品检测监督体系尚未形成，各地滴灌器材及产品成本仍较高等。

（5）技术、认识、基础储备不足。滴灌技术是一项系统工程，交叉学科多，涉及工程、农艺、生态、环境等方方面面，加之滴灌技术在我国是一项新兴的技术，人们在这方面的认识水平、知识水平很低，基础差、技术储备不足，难以支撑这一技术的发展。必须加大宣传力度，强化技术培训，教育部门应将相关知识纳入教学内容，提高全社会对节水灌溉的认识和技术水平。

（6）施肥系统滞后，难以满足水肥一体化发展的需求。滴灌施肥的效率取决于肥料罐的容量、用水稀释肥料的稀释度、稀释度的精确程度、装置的可移动性以及设备的成本及其控制面积等。常见的将肥料加入滴灌系统的方法可分为肥料罐法和肥料泵法。目前，新疆大部分地区普遍采用不透明的旁通施肥罐，该施肥系统的最大缺点是罐体太小，肥料溶液浓度变化大，过程无法控制；进水管与出肥管偏小，无法调控施肥速度且肥料溶解过程看不见，肥料是否溶解全凭经验判断，肥料浪费较大；罐体溶液容积有限，添加化肥频繁，施肥不方便，面积越大越费工；部分农场采用立式罐，操作难度更大，更不方便。

（7）水盐调控不合理，容易引起盐分累积。当在含盐量高的土壤上进行滴灌或是利用咸水灌溉时，盐分会积累在湿润区的边缘，如遇到小雨，这些盐分可能会被冲到作物根区而引起盐害，这时应继续进行灌溉。在没有充分冲洗条件的地方或是秋季无充足降雨的地方，不要在高含盐量的土壤上进行灌溉或利用咸水灌溉。近十年来，新疆生产建设兵团大面积推广膜下滴灌技术，达到了节水、增产的显著效果。但膜下滴灌是小定额的连续供水，属浅层灌溉，灌溉水没有深层渗漏，难以利用灌溉水淋洗盐分到地下水中去，盐分只在土层中转移而无法消除；再加上灌溉水矿化度较高，土壤水分蒸发和植株蒸腾后，水去盐留，使部分农田的土壤处于较严重的积盐状态。

主要参考文献

阿布都卡依木·阿布力米提，赵经华，马英杰，等，2017. 南疆自动化滴灌棉花灌溉制度的研究 [J]. 节水灌溉（1）：33－37.

白佳，2021. 水肥一体化技术应用不可忽视的几个问题 [J]. 西北园艺（8）：5－6.

白雨薇，罗坤，周小波，等，2018. 低压滴灌灌水均匀性研究 [J]. 中国农村水利水电（3）：62－65＋71.

鲍士旦，2000. 土壤农化分析 [M]. 北京：中国农业出版社.

常凤生，张顶山，2003. 关于滴灌均匀度问题的探讨 [J]. 东北水利水电，21（12）：38－39.

陈林，程莲，2015. 新疆滴灌自动化技术存在的问题及对策 [J]. 大麦与谷类科学（3）：1－3.

陈晓燕，叶建春，陆桂华，等，2004. 全国土壤田间持水量分布探讨. 水利水电技术（9）：113－116＋119.

董燕，王正银，2005. 尿素在土壤中的转化与植物利用效率 [J]. 磷肥与复肥，20（2）：76－78.

高祥照，申朓，郑义，等，2008. 肥料实用手册析 [M]. 北京：中国农业出版社.

耿增超，贾宏涛，2020. 土壤学（第二版）[M]. 北京：科学出版社.

郭元裕，1997. 农田水利学 [M]. 北京：中国水利水电出版社.

胡霭堂，2003. 植物营养学（下册）[M]. 北京：中国农业大学出版社.

黄绍文，金继运，1995. 土壤钾形态及其植物有效性研究进展 [J]. 中国土壤与肥料（5）：23－29.

蒋平安，盛建东，贾宏涛，2013. 土壤改良与培肥 [M]. 乌鲁木齐：新疆人民出版社.

康绍忠，2007. 农业水土工程 [M]. 北京：中国农业出版社.

李鑫鑫，刘洪光，龚萍，2020. 滴灌棉田不同种植模式对棉花根区土壤盐分及出苗率的影响研究与数值模拟 [J]. 西北农业学报，29（1）：44－55.

梁飞，2017. 水肥一体化实用技术问答及技术模式、案例分析 [M]. 北京：中国农业出版社.
梁飞，吴志勇，王军，2020. 正确选择肥料与科学施肥知识问答 [M]. 北京：中国农业出版社.
刘定武，1999. 微量元素营养与微肥施用 [M]. 北京：中国农业出版社.
雷志栋，杨诗秀，谢森传，1988. 土壤水动力学 [M]. 北京：清华大学出版社.
陆景陵，2003. 植物营养学（上册）[M]. 北京：中国农业大学出版社.
马千雅，2020. 暗管排盐技术在新疆阿克陶县灌区的应用研究 [J]. 中国谁水能及电气化（7）：51-54.
农业大词典编辑委员会，1998. 农业大词典 [M]. 北京：农业出版社.
施成熙，栗宗嵩，1984. 农业水文学 [M]. 北京：农业出版社.
沈其荣，2001. 土壤肥料学通论 [M]. 北京：高等教育出版社.
王国栋，曾胜和，陈云，等，2014. 新疆滴灌春玉米密植高产栽培施肥效应研究 [J] 农业现代化研究，35（3）：376-380.
王振华，杨培岭，郑旭荣，等，2014. 新疆现行灌溉制度下膜下滴灌棉田土壤盐分分布变化 [J]. 农业机械学报，45（8）：149-159.
吴婉莹，王文娥，胡笑涛，等，2018. 水肥一体化对侧翼迷宫滴灌带抗堵塞性能的影响 [J]. 节水灌溉（4）：15-18+25.
肖亮，2018. 滴灌技术在农田灌溉中的应用 [J]. 水利水电（7）：116-117.
颜亮，2021. 农田灌溉中自压滴灌技术的应用研究 [J]. 农村水利水电（4）：26-27.
尹飞虎，2013. 滴灌——随水施肥技术理论与实践 [M]. 北京：中国科学技术出版社.
雍志诚，毛作林，易强，2021. 出苗水添加不同肥料对棉花苗期生长的影响 [J]. 科学施肥（1）：39-40.
张承林，邓兰生，2012. 水肥一体化技术 [M]. 北京：中国农业出版社.
张福锁，2011. 测土配方施肥技术 [M]. 北京：中国农业大学出版社.
张喜英，1999. 作物根系与土壤水利用 [M]. 北京：气象出版社.
郑耀泉，刘婴谷，严海军，等，2015. 喷灌与微灌技术应用 [M]. 北京：中国水利水电出版社.
朱兆良，2008. 中国土壤氮素研究 [J]. 土壤学报，45（5）：778-783.

图书在版编目（CIP）数据

科学灌溉与合理施肥200题：双色版 / 梁飞，孙霞，王春霞主编. —北京：中国农业出版社，2021.10
（码上学技术. 绿色农业关键技术系列）
ISBN 978-7-109-28557-6

Ⅰ.①科… Ⅱ.①梁… ②孙… ③王… Ⅲ.①灌溉管理－问题解答②合理施肥－问题解答 Ⅳ.①S274.3-44 ②S147.21-44

中国版本图书馆CIP数据核字（2021）第144781号

科学灌溉与合理施肥200题
KEXUE GUANGAI YU HELI SHIFEI 200 TI

中国农业出版社出版
地址：北京市朝阳区麦子店街18号楼
邮编：100125
责任编辑：魏兆猛　　文字编辑：郝小青
版式设计：杜　然　　责任校对：吴丽婷
印刷：中农印务有限公司
版次：2021年10月第1版
印次：2021年10月北京第1次印刷
发行：新华书店北京发行所
开本：880mm×1230mm　1/32
印张：6.25
字数：200千字
定价：30.00元
